全国水利水电高职教研会
中国高职教研会水利行业协作委员会 **规划推荐教材**

高职高专土建类专业系列教材

房屋建筑学实训

主编 魏琳 郑睿
副主编 颜志敏 张植强
主审 董平

中国水利水电出版社
www.waterpub.com.cn

内 容 提 要

本教材是高职高专土建类专业规划教材之一，是《房屋建筑学》的配套教材。本教材主要对房屋建筑构造设计、建筑设计、认识实习等方面讲述了建筑设计的方法、步骤和实例，并给出了大量的设计图例，具有较强的适应性和实用性。本教材按照“房屋建筑学”课程实践的要求，分为基本知识、设计和实习大纲三大部分。内容条理清晰、语言文字流畅，采用了大量的插图和图例，便于理解，并突出了新材料、新技术、新方法的运用，深入浅出，便于学生学习应用。

本书既可作为职业技术院校的教学用书，也可以作为自学考试、岗位技术培训的教材，还可以作为水利水电土建管理人员、建筑设计人员和建筑施工技术人员的阅读参考用书。

图书在版编目（CIP）数据

房屋建筑学实训/魏琳，郑睿主编．—北京：中国水利水电出版社，2008（2014.1 重印）

全国水利水电高职教研会、中国高职教研会水利行业协作委员会规划推荐教材．高职高专土建类专业系列教材

ISBN 978-7-5084-5691-1

Ⅰ.房…　Ⅱ.①魏…②郑…　Ⅲ.房屋建筑学-高等学校：技术学校-教学参考资料　Ⅳ.TU22

中国版本图书馆 CIP 数据核字（2008）第 095406 号

书　名	高职高专土建类专业系列教材 全国水利水电高职教研会 / 中国高职教研会水利行业协作委员会 规划推荐教材 **房屋建筑学实训**
作　者	主编 魏琳 郑睿 副主编 颜志敏 张植强 主审 董平
出版发行	中国水利水电出版社 （北京市海淀区玉渊潭南路 1 号 D 座　100038） 网址：www.waterpub.com.cn E-mail：sales@waterpub.com.cn 电话：（010）68367658（发行部）
经　售	北京科水图书销售中心（零售） 电话：（010）88383994、63202643、68545874 全国各地新华书店和相关出版物销售网点
排　版	中国水利水电出版社微机排版中心
印　刷	三河市鑫金马印装有限公司
规　格	184mm×260mm　16 开本　8.5 印张　273 千字　12 插页
版　次	2008 年 9 月第 1 版　2014 年 1 月第 4 次印刷
印　数	12001—16000 册
定　价	**25.00** 元

前言

《房屋建筑学实训》是高职高专土建类专业规划教材之一，是“房屋建筑学”课程的配套教材。该教材根据教育部关于职业教育的基本要求，结合职业教育的特点，执行国家现行规范、规程和行业标准，按照“房屋建筑学”课程实践要求而编写。本书主要对房屋构造设计、建筑设计、认识实习等方面讲述了房屋设计的方法、步骤和实例，并给出了大量的设计图例，具有较强的适应性和实用性。

本教材按照“房屋建筑学”课程实践的要求，分为基本知识、设计部分和实习部分。本书内容条理清晰、语言文字流畅，采用了大量的插图和图例，便于理解，并突出了新材料、新技术、新方法的运用，深入浅出，便于学生学习应用。

本教材由华北水利水电学院水利职业学院魏琳、长江工程职业技术学院郑睿任主编；福建水利电力职业技术学院颜志敏、浙江水利水电专科学校张植强任副主编；浙江水利水电专科学校董平任主审。参加本教材编写的人员有：第1、2章由山西水利职业技术学院李剑波编写；第3、4章由浙江水利水电专科学校徐蔚编写；第5章由福建水利电力职业技术学院颜志敏编写；第6章由长江工程职业技术学院郑睿、胡凯，黄河水利职业技术学院柴红，杨凌职业技术学院苏晓畏，华北水利水电学院水利职业学院聂云霞，安徽水利水电职业技术学院艾思平编写；绪论和第7章及附图由魏琳、张植强编写。

在教材编写过程中，参阅了许多文献资料，谨向这些文献的作者致以诚挚的谢意。由于成书时间紧，还有许多不足之处，我们真挚地希望广大读者在使用这套教材的过程中提出宝贵意见和建议，以便在下一轮修编时更正和完善。

编　者

2008年8月

目录

0 绪论 基本知识

0.1 图线的一般规定

(1) 图线的宽度 b，应根据图样的复杂程度和比例，按《房屋建筑制图统一标准》(GB/T 50001—2001) 中（图线）的规定选用。见图 0.1～图 0.3。绘制较简单的图样时，可采用两种线宽的线宽组，其线宽比宜为 b：0.25b。

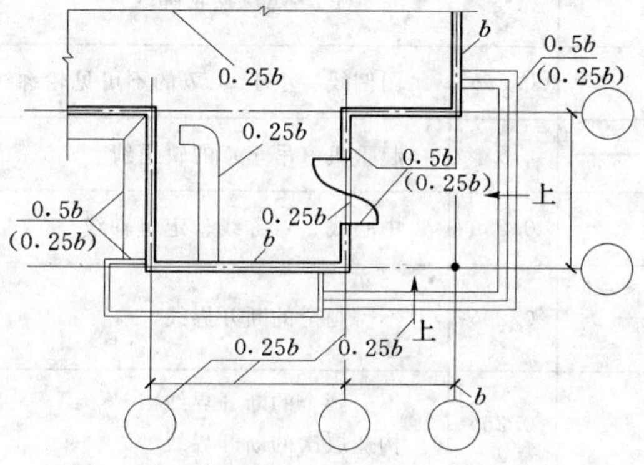

图 0.1 平面图图线宽度选用示例

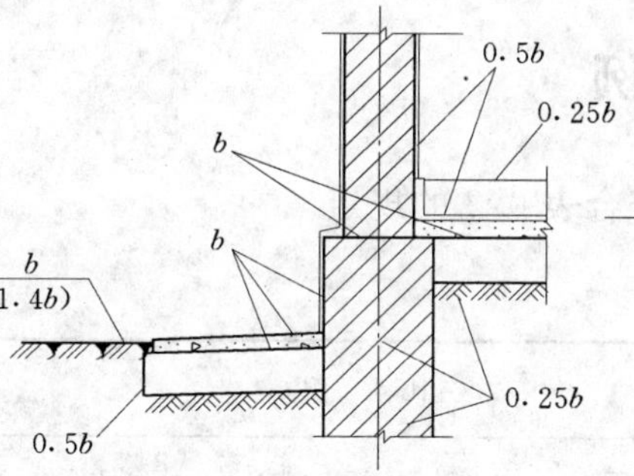

图 0.2 墙身剖面图图线宽度选用示例

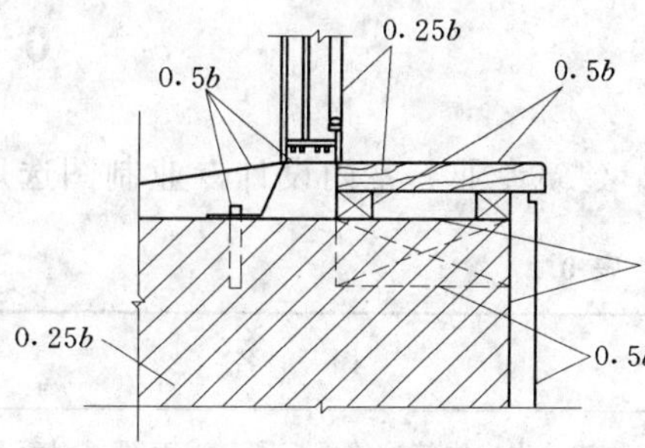

图 0.3 详图图线宽度选用示例

(2) 建筑专业、室内设计专业制图采用的各种图线，应符合表 0.1 的规定。

表 0.1 图 线

名 称	线 型	线宽	用 途
粗实线	————	b	1. 平、剖面图中被剖切的主要建筑构造（包括构配件）的轮廓线 2. 建筑立面图或者室内立面图的外轮廓线 3. 建筑构造详图中被剖切的主要部分的轮廓线 4. 建筑构配件详图中的外轮廓线 5. 平、立、剖面图中的剖切符号

续表

名 称	线 型	线宽	用 途
中实线		0.5b	1. 平、剖面图中被剖切的次要建筑构造（包括构配件）的轮廓线 2. 建筑平、立、剖面图建筑构配件的外轮廓线 3. 建筑构造详图以及建筑构配件中的一般轮廓线
细实线		0.25b	小于 0.5b 的图形线、尺寸线、尺寸界线、图例线、索引符号、标符号、详图材料做法引出线等
中虚线		0.5b	1. 建筑构造详图中以及建筑构配件不可见轮廓线 2. 平面图中的起重机（吊车）的轮廓线 3. 拟扩建建筑物轮廓线
细虚线		0.25b	图例线、小于 0.5b 的不可见轮廓线
粗单点长划线		b	起重机（吊车）的轨道线
细单点长划线		0.25b	中心线、对称线、定位轴线
折断线		0.25b	不需画全的断开界线
波浪线		0.25b	不需画全的断开界线 构造层次的断开界线

注 地平线的线宽可以用 1.4b。

0.2 比 例

建筑专业、室内设计专业制图选用的比例，应符合表 0.2 的规定。

表 0.2 比 例

图 名	比 例
建筑物或构筑物的平面图、立面图、剖面图	1∶50、1∶100、1∶150、1∶200、1∶300
建筑物或构筑物的局部放大图	1∶10、1∶20、1∶25、1∶30、1∶50
配件及构造详图	1∶1、1∶2、1∶5、1∶10、1∶15、1∶20、1∶25、1∶30、1∶50

0.3 图 例

构造及配件图例、说明见表 0.3。

表 0.3 **构造以及配件图例、说明**

序号	名称	图例	说明
1	墙体	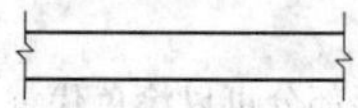	应该加注文字或者填充图例表示墙体材料，在项目设计图纸说明中列出材料图例给予说明
2	隔断		1. 包括板条抹灰、木制、石膏板、金属材料等隔断 2. 适用于到顶或者不到顶隔断
3	栏杆		
4	楼梯	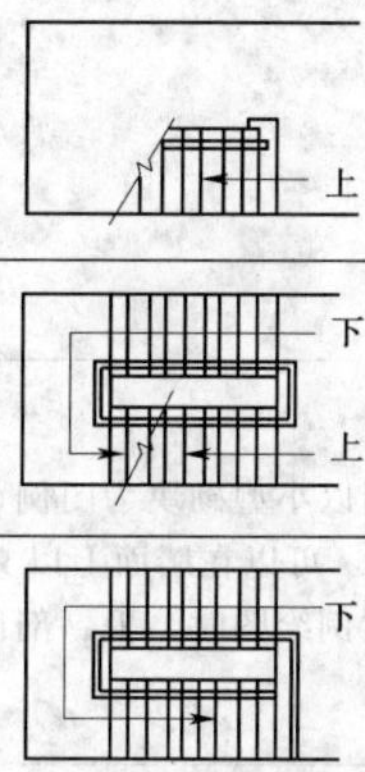	1. 上图为底层楼梯平面，中图为中间层楼梯平面，下层为顶层楼梯平面 2. 楼梯以及栏杆扶手的形式和梯段踏步数应按照实际情况绘制
5	坡道	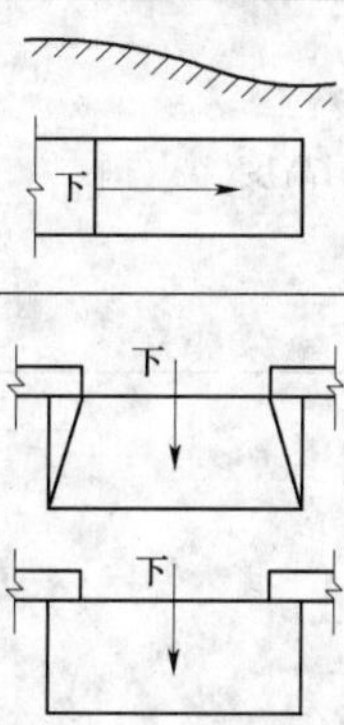	上图为长坡道，下图为门口坡道
6	平面高差	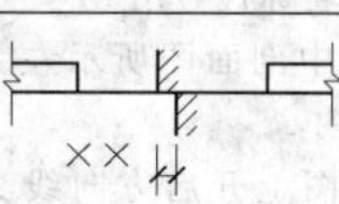	适用于高差小于100的两个地面或者楼面相接处
7	检查孔	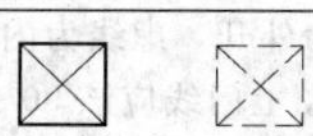	左图为可见检查孔 右图为不可见检查孔
8	孔洞	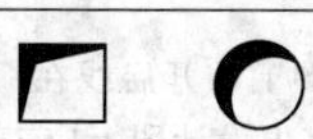	阴影部分可以涂色代替
9	墙预留洞	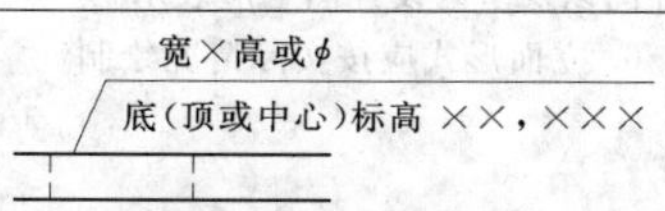	1. 以洞中心或洞边定位 2. 宜以涂色区别墙体和留洞位置
10	墙预留槽	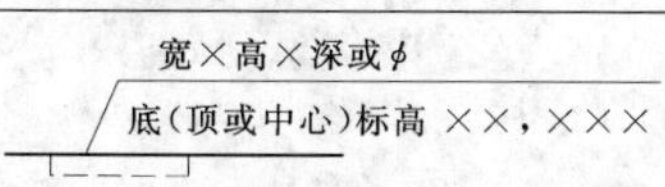	

续表

序号	名称	图例	说明
11	烟道	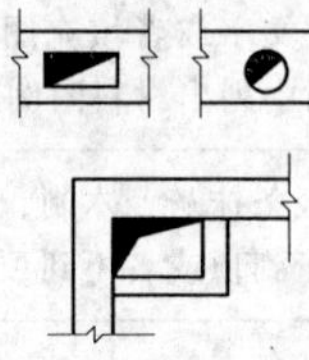	1. 阴影部分可以涂色代替 2. 烟道和墙体材料为同一材料，其相接处墙身线应断开
12	通风道	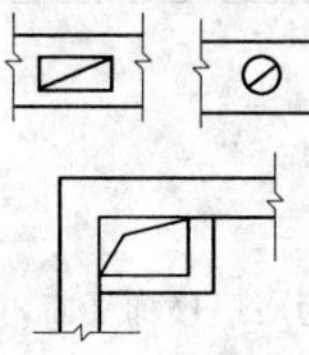	
13	新建的墙和窗	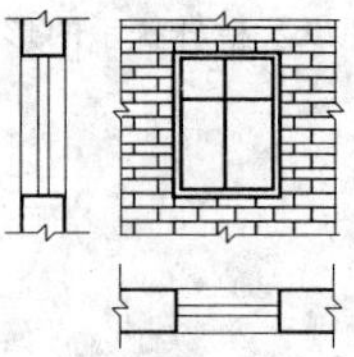	1. 本图以小型砌块为图例，绘图时应按所用的材料的图例绘制，可以在墙面上以文字或代号注明 2. 小比例绘图时，平、剖面窗线可以用单粗实线表示
14	空门洞	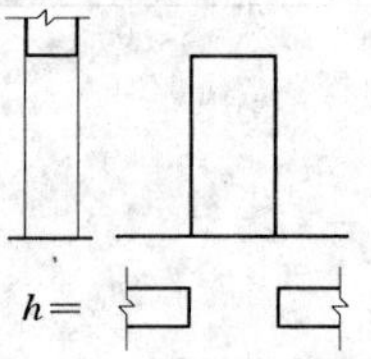	h 为门洞高度
15	单扇门（包括平开或者单面弹簧）	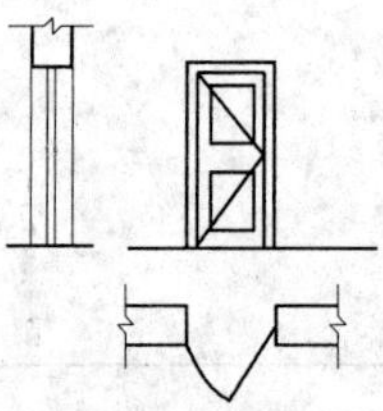	1. 门的名称代号用 M 2. 图例中剖面图所示左为外、右为内，平面图下为外、上为内 3. 立面图上开启方向线交角的一侧为安装合页的一侧，实线为外开，虚线为内开 4. 平面图上门线应该 90°或者 45°开启，开启弧线应该绘出 5. 立面图上的开启线在一般设计图中可以不表示，在详图以及室内设计图上应表示 6. 立面形式应按实际情况绘制
16	双扇门（包括平开或者单面弹簧）	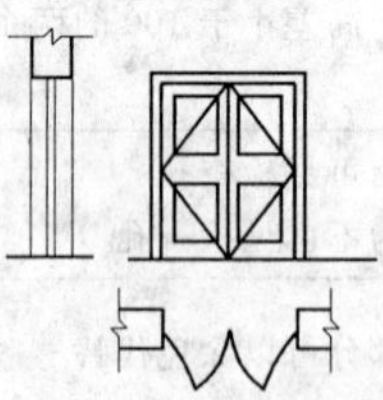	
17	对开折叠门	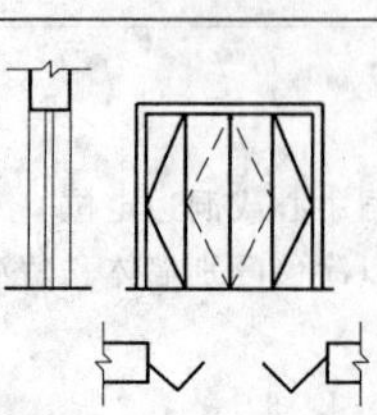	

续表

序号	名称	图 例	说 明
18	推拉门	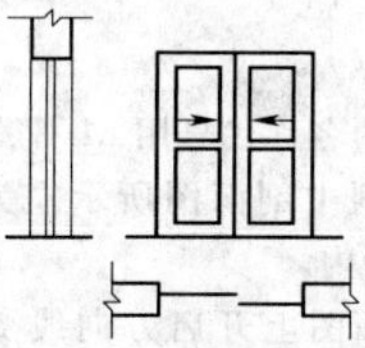	
19	墙外单扇推拉门	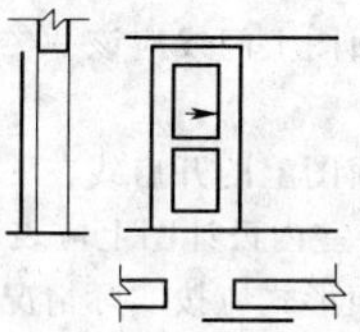	
20	墙外双扇推拉门	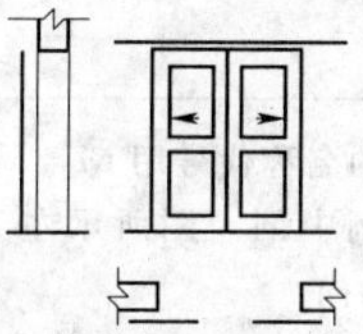	1. 门的名称代号有 M 2. 图例中剖面图所示左为外、右为内，平面图下为外、上为内 3. 立面形式应按实际情况绘制
21	墙中单扇推拉门	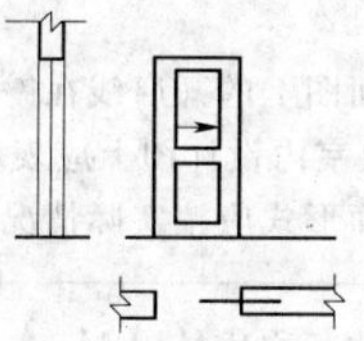	
22	墙中双扇推拉门	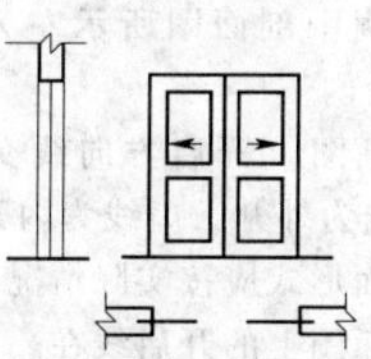	
23	单扇双面弹簧门	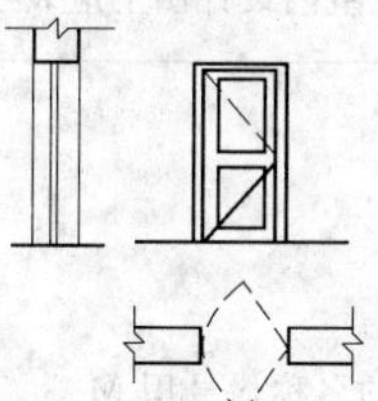	1. 门的名称代号用 M 2. 图例中剖面图所示左为外、右为内，平面图下为外、上为内 3. 立面图上开启方向线交角的一侧为安装合页的一侧，实线为外开，虚线为内开 4. 平面图上门线应该 90°或者 45°开启，开启弧线应该绘出 5. 立面图上的开启线在一般设计图中可以不表示，在详图以及室内设计图上应表示 6. 立面形式应按实际情况绘制
24	双扇双面弹簧门	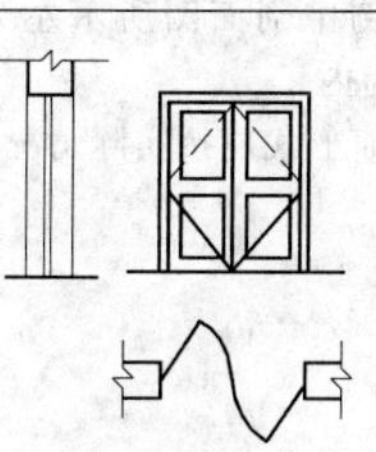	

续表

序号	名称	图例	说明
25	单扇内外开双层门（包括平开或双面弹簧）	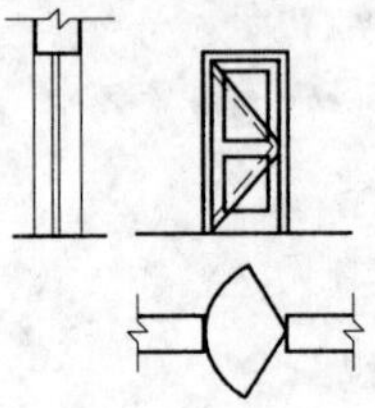	1. 门的名称代号用 M 2. 图例中剖面图所示左为外、右为内，平面图下为外、上为内 3. 立面图上开启方向线交角的一侧为安装合页的一侧，实线为外开，虚线为内开 4. 平面图上门线应该 90°或者 45°开启，开启弧线应该绘出 5. 立面图上的开启线在一般设计图中可以不表示，在详图以及室内设计图上应表示 6. 立面形式应按实际情况绘制
26	双扇内外开双层门（包括平开或双面弹簧）	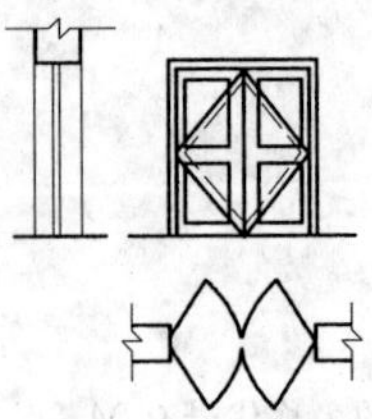	
27	转门	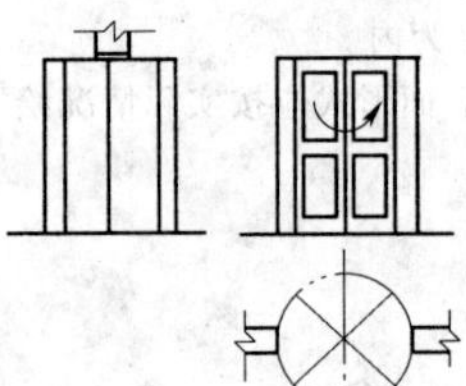	1. 门的名称代号用 M 2. 图例中剖面图所示左为外、右为内，平面图下为外、上为内 3. 平面图上门线应该 90°或者 45°开启，开启弧线应该绘出 4. 立面图上的开启线在一般设计图中可以不表示，在详图以及室内设计图上应表示 5. 立面形式应按实际情况绘制
28	折叠上翻门	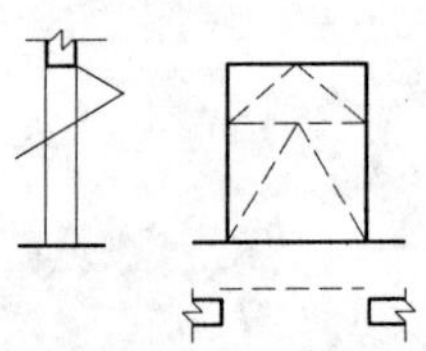	1. 门的名称代号用 M 2. 图例中剖面图所示左为外、右为内，平面图下为外、上为内 3. 立面图上开启方向线交角的一侧为安装合页的一侧，实线为外开，虚线为内开 4. 立面形式应按实际情况绘制 5. 立面图上的开启线在一般设计图中可以不表示，在详图以及室内设计图上应表示
29	竖向卷帘门	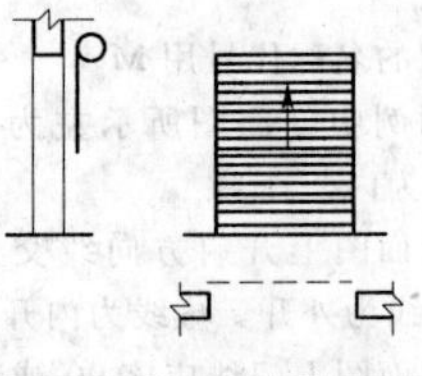	1. 门的名称代号用 M 2. 图例中剖面图所示左为外、右为内，平面图下为外、上为内 3. 立面形式应按实际情况绘制
30	横向折叠门	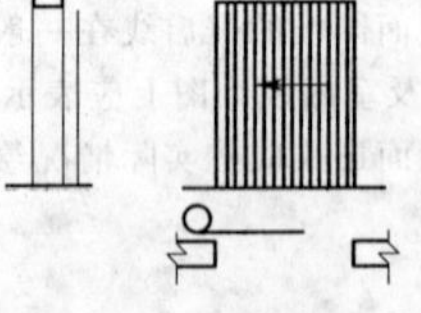	

续表

序号	名称	图　例	说　明
31	提升门	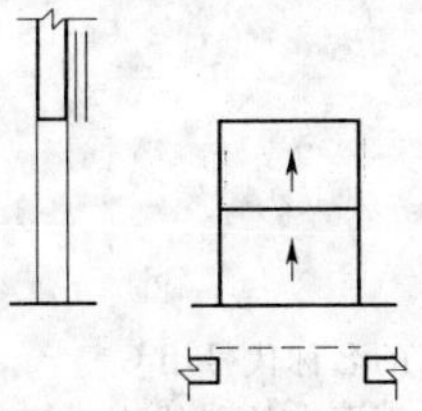	1. 门的名称代号用 M 2. 图例中剖面图所示左为外、右为内，平面图下为外、上为内 3. 立面形式应按实际情况绘制
32	单层固定窗	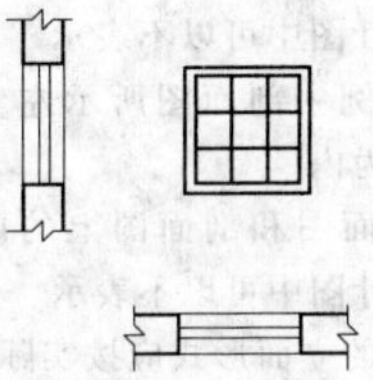	1. 窗的名称代号用 C 2. 立面图中的斜线表示窗的开启方向，实线为外开，虚线为内开；开启方向线交角的一侧为安装合页的一侧，一般设计图中可以不表示 3. 图例中剖面图所示左为外、右为内，平面图下为外、上为内 4. 平面图和剖面图上的虚线仅说明开启方式，为内开，设计图中可以不表示 5. 窗的立面形式应按实际情况绘制 6. 小比例绘图时，平、剖面的窗线可以用单粗实线表示
33	单层外开上悬窗	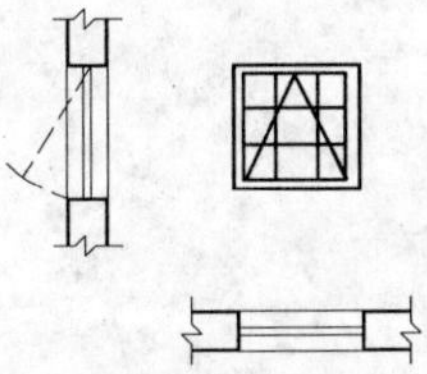	
34	单层中悬窗	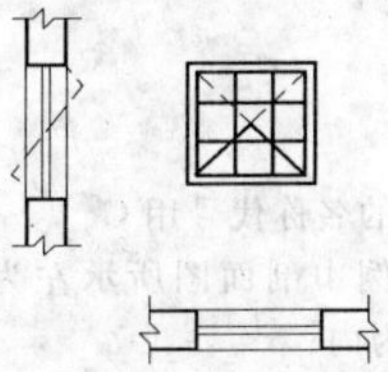	
35	单层内开下悬窗	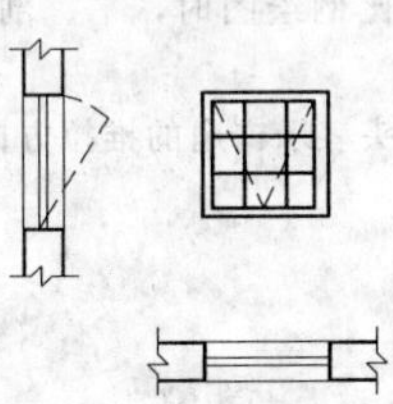	
36	立转窗	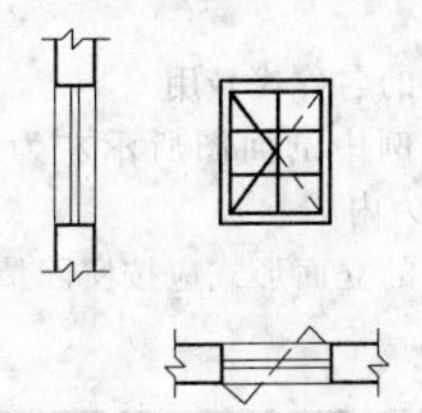	

续表

序号	名称	图例	说明
37	单层外开平开窗	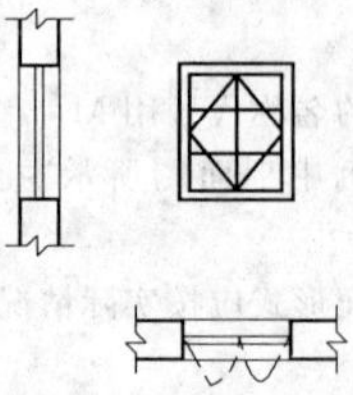	1. 窗的名称代号用 C 2. 立面图中的斜线表示窗的开启方向，实线为外开，虚线为内开；开启方向线交角的一侧为安装合页的一侧，一般设计图中可以不表示 3. 图例中剖面图所示左为外、右为内，平面图下为外、上为内 4. 平面图和剖面图上的虚线仅说明开启方式，为内开，设计图中可以不表示 5. 窗的立面形式应按实际情况绘制 6. 小比例绘图时，平、剖面的窗线可以用单粗实线表示
38	单层内开平开窗	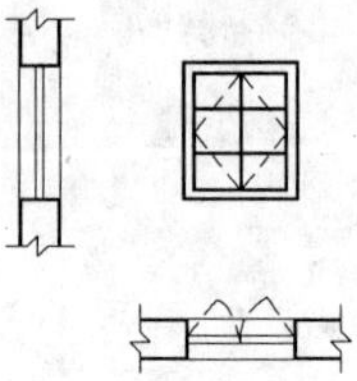	
39	双层内外开平开窗	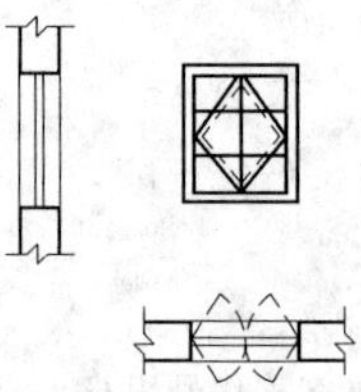	
40	推拉窗	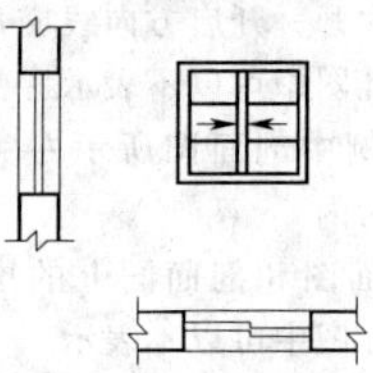	1. 窗的名称代号用 C 2. 图例中剖面图所示左为外、右为内，平面图下为外、上为内 3. 窗的立面形式应按实际情况绘制 4. 小比例绘图时，平、剖面的窗线可以用单粗实线表示 5. 箭头表示窗扇的推拉方向
41	上推窗	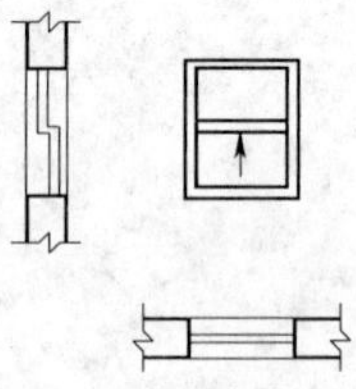	
42	百叶窗	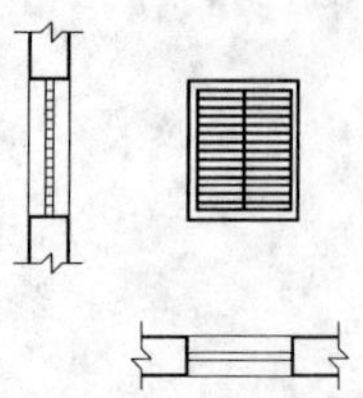	1. 窗的名称代号用 C 2. 图例中剖面图所示左为外、右为内，平面图下为外、上为内 3. 窗的立面形式应按实际情况绘制

续表

序号	名称	图例	说明
43	高窗	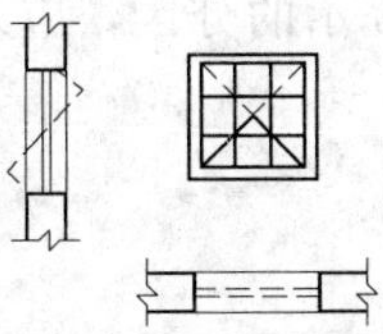 h=	1. 窗的名称代号用C 2. 立面图中的斜线表示窗的开启方向，实线为外开，虚线为内开；开启方向线交角的一侧为安装合页的一侧，一般设计图中可以不表示 3. 图例中剖面图所示左为外、右为内，平面图下为外、上为内 4. 平面图上的虚线表示高窗未剖到不表示 5. 窗的立面形式应按实际情况绘制 6. h 为窗底距离本层楼地面的高度
44	电梯	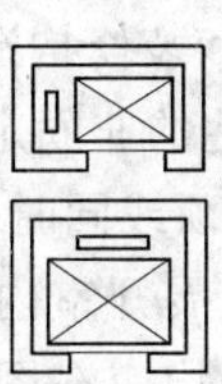	1. 电梯应该注明类型，并且绘出门和平衡锤的实际位置 2. 观景电梯等特殊类型的电梯应该参照本图例按实际情况绘制
45	自动扶梯	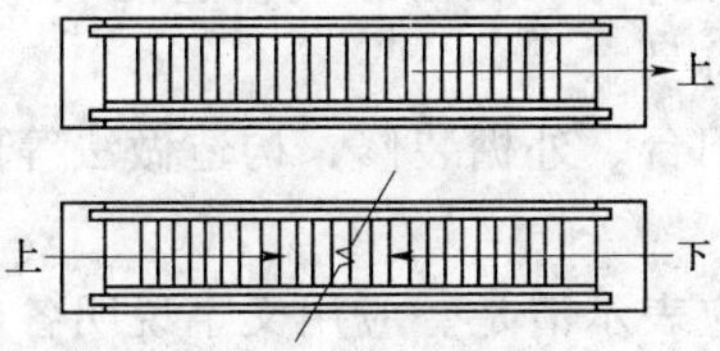	1. 自动扶梯和自动人行道、自动人行坡道可正逆向运行，箭头方向为设计运行方向 2. 自动人行坡道应在箭头线段尾部加注上或下
46	自动人行道及自动人行坡道	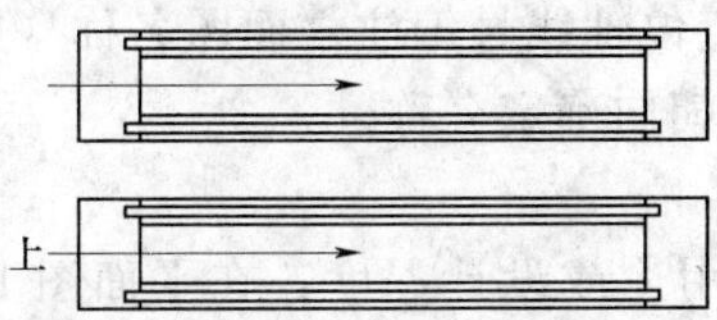	

0.4 图 样 画 法

1. 平面图

(1) 平面图的方向宜与总图方向一致，平面图的长边宜与横式幅面图纸的长边一致。

(2) 在同一张图纸上绘制多于一层的平面图时，各层平面图宜按层数由低向高的顺序从左至右或从下至上布置。

(3) 除顶棚平面图外，各种平面图应按正投影法绘制。

(4) 建筑物平面图应在建筑物的门窗洞口处水平剖切俯视（屋顶平面图应在屋面以上俯视）。图内应包括剖切面及投影方向可见的建筑构造以及必要的尺寸、标高等，如需表示高窗、洞口、通气孔、槽、地沟及起重机等不可见部分，则应以虚线表示。

(5) 建筑平面图应注写房间的名称或编号。编号注写在直径为 6mm 细实线绘制的圆圈内，并在同张图纸上列出房间名称表。

(6) 平面较大的建筑物，可分区绘制平面图，但每张平面图均应绘制组合示意图。各区应分别用大写拉丁字母编号。在组合示意图中要提示的分区，应采用阴影线或填充的方式表示。

(7) 顶棚平面图宜用镜像投影法绘制。

2. 立面图

(1) 各种立面图应按正投影法绘制。

(2) 建筑立面图应包括投影方向可见的建筑外轮廓线和墙面线脚、构配件、墙面做法及必要的尺寸和标高等。

(3) 室内立面图应包括投影方向可见的室内轮廓线和装修构造、门窗、构配件、墙面做法、固定家具、灯具、必要的尺寸和标高，以及需要表达的非固定家具、灯具、装饰物件等(室内立面图的顶棚轮廓线，可根据具体情况只表达吊平顶或同时表达吊平顶及结构顶棚)。

(4) 平面形状曲折的建筑物，可绘制展开立面图、展开室内立面图；圆形或多边形平面的建筑物，可分段展开绘制立面图、室内立面图。但均应在图名后加注“展开”二字。

(5) 较简单的对称式建筑物或对称的构配件等，在不影响构造处理和施工的情况下，立面图可绘制一半，并在对称轴线处画对称符号。

(6) 在建筑物立面图上，相同的门窗、阳台、外檐装修、构造做法等可在局部重点表示，绘出其完整图形，其余部分只画轮廓线。

(7) 在建筑立面图上，外墙表面分格线应表示清楚。应用文字说明各部位所用面材及色彩。

(8) 有定位轴线的建筑物，宜根据两端定位轴线号编注立面图名称（如：①～⑩立面图），无定位轴线的建筑物可按平面图各面的朝向确定名称。

3. 剖面图

(1) 剖面图的剖切部位，应根据图纸的用途或设计深度，在平面图上选择能反映全貌、构造特征以及有代表性的部位剖切。

(2) 各种剖面图应按正投影法绘制。

(3) 建筑剖面图内应包括剖切面和投影方向可见的建筑构造、构配件以及必要的尺寸、标高等。

(4) 剖切符号可用阿拉伯数字、罗马数字或拉丁字母编号。见图 0.4。

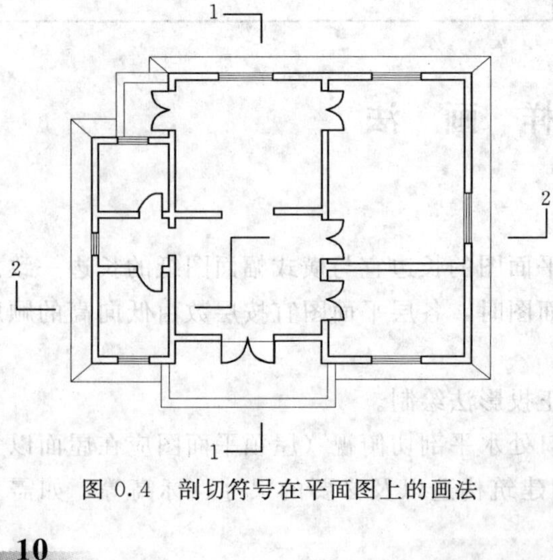

图 0.4 剖切符号在平面图上的画法

4. 其他规定

(1) 指北针应绘制在建筑物±0.00 标高的平面图上，并放在明显位置，所指的方向应与总图一致。

(2) 零配件详图与构造详图，宜按直

接正投影法绘制。

(3) 零配件外形或局部构造的立体图，宜按 GB/T 50001—2001 中的有关规定绘制。

(4) 不同比例的平面图、剖面图，其抹灰层、楼地面、材料图例的省略法，应符合下列规定：

1) 比例大于 1∶50 的平面图、剖面图，应画出抹灰层与楼地面、屋面的面层线，并宜画出材料图例。

2) 比例等于 1∶50 的平面图、剖面图，应画出楼地面、屋面的面层线，抹灰层的面层线应根据需要而定。

3) 比例小于 1∶50 的平面图、剖面图，可不画出抹灰层，但宜画出楼地面、屋面的面层线。

4) 比例为 1∶100～1∶200 的平面图、剖面图，可画简化的材料图例，但宜画出楼地面、屋面的面层线。

5) 比例小于 1∶200 的平面图、剖面图，可不画材料图例，剖面图的楼地面、屋面的面层线可不画出。

(5) 相邻的立面图或剖面图，宜绘制在同一水平线上，图内相互有关的尺寸及标高，宜标注在同一竖线上。见图 0.5。

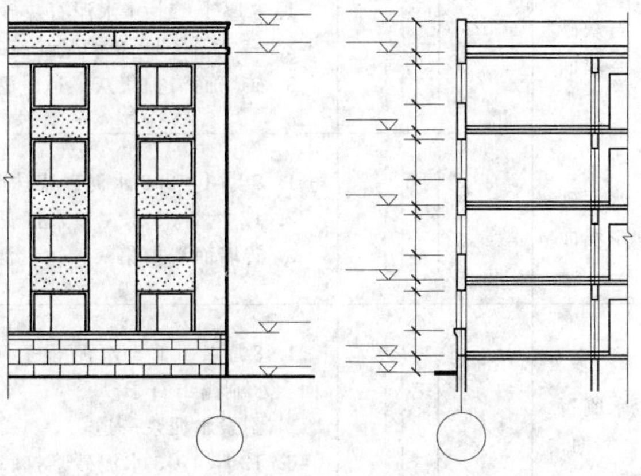

图 0.5 相邻立面图、剖面图的位置关系

5. 尺寸标注

(1) 尺寸分为总尺寸、定位尺寸、细部尺寸三种。绘制时，应根据设计深度和图纸用途确定所需注写的尺寸。

(2) 建筑物平面、立面、剖面图，宜标注室内外地坪、楼地面、地下层地面、阳台、平台、檐口、屋脊、女儿墙、雨棚、门、窗、台阶等处的标高。平屋面等不易标明建筑标高的部位可标注结构标高，并予以说明。结构找坡的平屋面，屋面标高可标注在结构板面最低点，并注明找坡坡度。有屋架的屋面，应标注屋架下弦搁置点或柱顶标高。有起重机的厂房剖面图应标注轨顶标高，屋架下弦杆件下边缘或屋面梁底、板底标高。梁式悬挂起重机宜标出轨距尺寸（以米计）。

(3) 楼地面、地下层地面、阳台、檐口、屋脊、女儿墙、台阶等处的高度尺寸及标高，宜按下列规定注写：

1) 平面图及其详图注写完成面标高。

2) 立面图、剖面图及详图注写完成面标高及高度方向的尺寸。

3) 其余部分注写毛面尺寸及标高。

4) 标注建筑平面图各部分的定位尺寸时，注写与其最邻近的轴线间的尺寸；标注建筑剖面各部位的定位尺寸时，注写其所在层次内的尺寸。

0.5　常见的工程做法及图例

为设计方便，提供一些常见的内外墙面、楼地面的工程装修做法，以作为设计的参考。

(1) 常见的外墙面装修工程做法，见表0.4。

表0.4　　常见的外墙装修工程做法

名称	图　例	工　程　做　法	厚度	说　明
石灰砂浆墙面	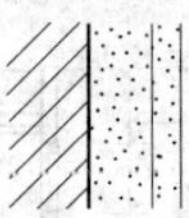	1. 6厚1∶1∶4水泥石灰砂浆抹面 2. 12厚1∶1∶6水泥石灰砂浆打底扫毛 3. 砖墙面清扫集灰，适量洇水	18	适于仿古庭园建筑的局部适用
水泥砂浆墙面	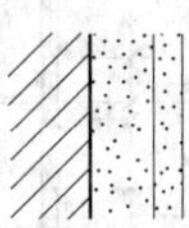	1. 8厚1∶2.5水泥砂浆抹面 2. 12厚1∶3水泥砂浆打底扫毛 3. 砖墙面清扫集灰，适量洇水	20	立面分格由设计人定
水刷石墙面	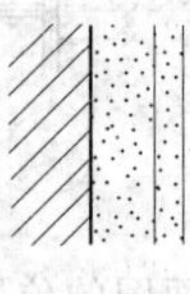	1. 8厚1∶1.5水泥石子（小八厘）罩面，水刷露出石子 2. 刷素水泥浆一道 3. 12厚1∶3水泥砂浆打底扫毛 4. 砖墙面清扫集灰，适量洇水	20	1. 立面分格由设计人定 2. 水泥分青水泥和白水泥，由设计人定
斩假石（剁斧石）墙面	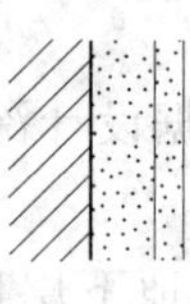	1. 剁斧斩毛两遍成活 2. 10厚1∶1.25水泥石子（米粒石内掺30%石屑）抹平 3. 刷素水泥浆一道 4. 10厚1∶3水泥砂浆打底扫毛或者划纹 5. 砖墙面清扫集灰，适量洇水	20	1. 水泥分青水泥和白水泥，由设计人定 2. 立面图中应绘出分格线
喷（刷）涂料墙面	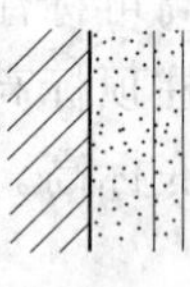	1. 喷（刷）外墙涂料 2. 6厚1∶2.5水泥砂浆找平 3. 10厚1∶3水泥砂浆打底扫毛或划出纹道 4. 砖墙面清扫集灰，适量洇水	18	涂料颜色、品种由设计人定，并在施工图中注明
贴锦砖（马赛克）墙面	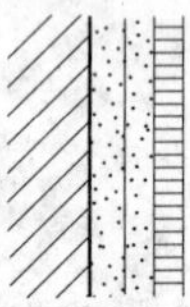	1. 水泥擦缝 2. 贴5厚锦砖（在砖粘结面上随贴随涂刷一道混凝土界面处理剂，增强粘结力） 3. 5厚1∶1水泥砂浆粘结层 4. 10厚1∶3水泥砂浆打底 5. 砖墙面清扫集灰，适量洇水	20	1. 锦砖规格、颜色由设计人定 2. 设计时应在立面图中绘出分格线，并注明缝宽及颜色

续表

名称	图例	工程做法	厚度	说明
贴面砖墙面	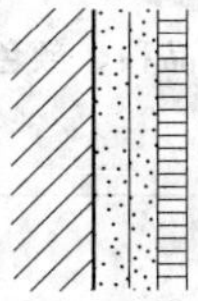	1. 1∶1水泥砂浆（细砂）勾缝 2. 贴6～12厚面砖（在砖粘结面上涂抹专用粘结剂，然后粘结） 3. 6厚1∶0.2∶2.5水泥石膏砂浆找平 4. 10厚1∶3水泥砂浆打底扫毛	20	1. 锦砖规格、颜色由设计人定 2. 设计时应在立面图中绘出分格线，并注明缝宽及颜色 3. 首层以上不宜用大于9厚或尺寸较大的面砖
粘贴花岗岩石板墙面	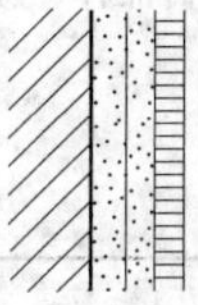	1. 稀水泥浆擦缝 2. 贴20～25厚花岗石板（在板背面涂抹专用粘结剂，然后粘贴） 3. 6厚1∶2.5水泥砂浆找平层 4. 10层1∶3水泥砂浆打底扫毛 5. 砖墙面清扫集灰，适量洇水	36	1. 花岗岩石板颜色、规格由设计人定 2. 花岗岩面分磨光面、粗毛麻面和粗凹凸面，由设计人定 3. 宜在首层使用

（2）常见的内墙面装修工程做法，见表0.5。

表0.5　常见的内墙装修工程做法

名称	图例	工程做法	厚度	说明
刷浆墙面	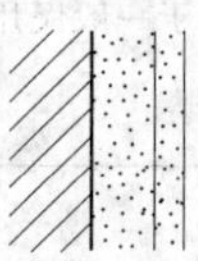	1. 刷（喷）石灰浆两道 2. 清水砖墙缝原浆刮平		石灰浆重量配合比： 石灰∶工业盐＝100∶7
水泥砂浆墙面	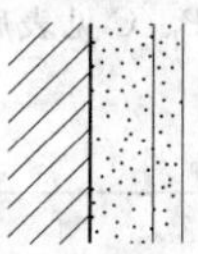	1. 刷（喷）内墙涂料 2. 5厚1∶2.5水泥石灰砂浆抹面，压实赶光 3. 13厚1∶3水泥砂浆打底	18	涂料品种、颜色由设计人定
纸筋（麻刀）灰墙面	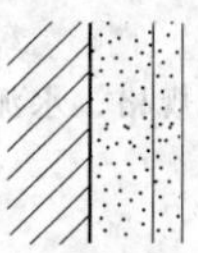	1. 刷（喷）内墙涂料 2. 2厚纸筋麻刀灰抹面 3. 14厚1∶3石灰膏砂浆打底	16	涂料品种、颜色由设计人定
纸筋（麻刀）灰墙面	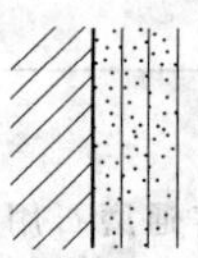	1. 刷（喷）内墙涂料 2. 2厚纸筋麻刀灰抹面 3. 6厚1∶3石灰膏砂浆 4. 10厚1∶3∶9水泥石灰膏砂浆打底	18	涂料品种、颜色由设计人定
水泥珍珠岩保温砂浆墙面	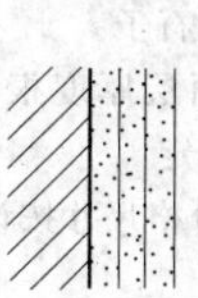	1. 喷内墙涂料 2. 2厚纸筋麻刀灰抹面 3. 12厚1∶8水泥珍珠岩浆 4. 12～16厚1∶8水泥珍珠岩浆打底扫毛	26	1. 用于有保温要求的墙体 2. 保温砂浆厚度由工程设计定 3. 涂料品种、颜色由设计人定

续表

名称	图　例	工　程　做　法	厚度	说　明
油漆、乳胶漆墙面	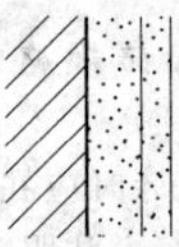	1. 刷无光油漆或乳胶漆 2. 5厚1∶0.3∶2.5水泥石灰膏砂浆抹面压实抹光 3. 12厚1∶1∶6水泥石灰膏砂浆打底扫毛	17	油漆品种、颜色由设计人定
釉面砖（瓷砖）墙面	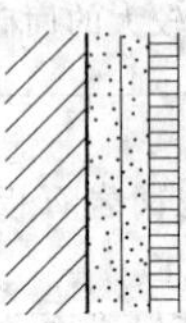	1. 白水泥擦缝 2. 贴5厚釉面砖（在釉面砖粘贴面上随贴随刷一道混凝土界面处理剂，增强粘结力或者在釉面砖粘贴面上涂专用粘结剂，然后粘贴） 3. 8厚1∶0.1∶2.5水泥石灰膏砂浆结合层 4. 12厚1∶3水泥砂浆打底扫毛或者划纹	25	釉面砖品种、颜色由设计人定

（3）常见的地面装修工程做法，见表0.6。

表0.6　常见的地面做法

名称	图　例	工　程　做　法	厚度	说　明
混凝土地面	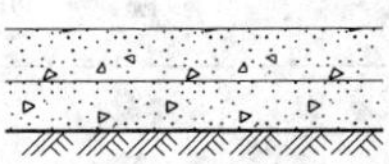	1. 60厚C15混凝土随打随抹上撒1∶1水泥砂子，压实抹光 2. 垫层A（或B、C） 3. 素土夯实	160 (210)	适用于一般民用建筑
水泥砂浆地面	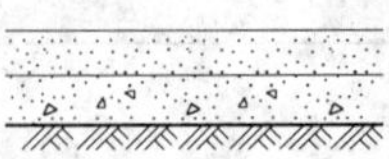	1. 20厚1∶2水泥砂浆压实赶光 2. 刷素水泥浆结合层一道 3. 60厚C15混凝土 4. 垫层A（或B、C） 5. 素土夯实	180 (230)	A、B、C见表后注释
预制水磨石地面	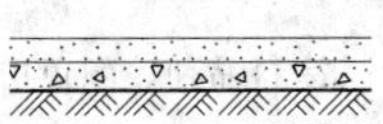	1. 铺5厚预制水磨石地面，稀水泥浆擦缝 2. 撒素水泥面（撒适量清水） 3. 30厚1∶4干硬性水泥砂浆结合层 4. 60厚C15混凝土 5. 垫层A（或B、C） 6. 素土夯实	215 (265)	商品规格、水泥石子颜色由设计人定
水磨石地面	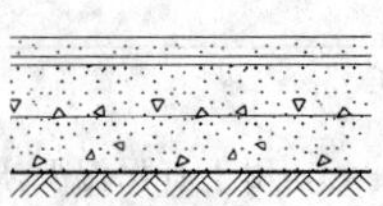	1. 12～18厚1∶2.5水磨石地面磨光打蜡 2. 素水泥浆结合层一道 3. 20厚1∶3水泥砂浆找平层干后卧玻璃（或铜）分格条，如用铜条应打眼穿22号镀锌铁丝卧牢每米4根 4. 60厚C15混凝土 5. 垫层A（或B、C） 6. 素土夯实	192 (248)	1. 普通磨石用普通水泥白石子，彩色磨石用白水泥加色并采用有色石子 2. 面层厚度根据石子粒径由设计人定 3. 分格尺寸按设计

续表

名称	图　例	工　程　做　法	厚度	说　明
铺地砖地面	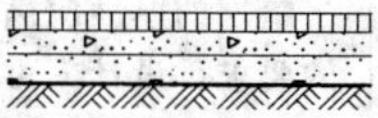	1. 铺 8～10 厚地砖地面，干水泥擦缝 2. 撒素水泥面（洒适量清水） 3. 20 厚 1∶4 干硬性水泥砂浆结合层 4. 刷素水泥浆一道 5. 60 厚 C15 混凝土 6. 垫层 A（或 B、C） 7. 素土夯实	188 (240)	铺地砖宽缝时用 1∶1 水泥砂浆勾缝

注　1. 垫层做法分类：垫层 A：100 厚碎石或碎砖夯实灌 M2.5 混合砂浆，简称“碎石垫层”；垫层 B：150 厚卵石灌 M2.5 混合砂浆，简称“卵石垫层”；垫层 C：150 厚 3∶7 灰土，简称“灰土垫层”。

2. 垫层类别 A、B、C 由设计人定，如垫层采用其他材料，应在施工图中注明。

（4）常见的楼面装修工程做法，见表 0.7。

表 0.7　　**常见的楼面做法**

名称	图　例	工　程　做　法	厚度	说　明
水泥砂浆楼面	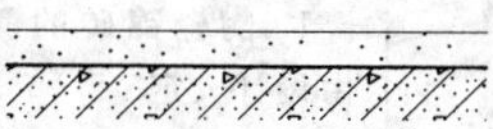	1. 20 厚 1∶2 水泥砂浆压实赶光 2. 刷素水泥浆结合层一道 3. 现浇钢筋混凝土楼板，随打随抹光	20	适用于一般民用建筑
水泥砂浆楼面	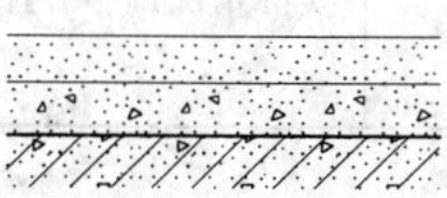	1. 20 厚 1∶2 水泥砂浆压实赶光 2. 刷素水泥浆结合层一道 3. 40 厚 C20 细石混凝土（后浇层） 4. 预制钢筋混凝土楼板	60	垫层的厚度应满足敷设管线的要求，设计人可根据工程实际情况调整并注明垫层厚度
细石混凝土楼面	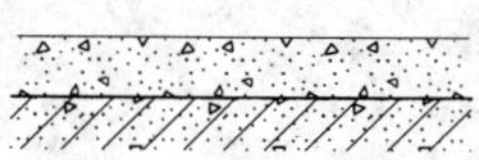	1. 40 厚 C20 细石混凝土撒 1∶1 水泥砂子压实抹光 2. 现浇钢筋混凝土楼板	40	应满足敷设管线的要求，设计人可根据工程实际情况调整
现制水磨石楼面	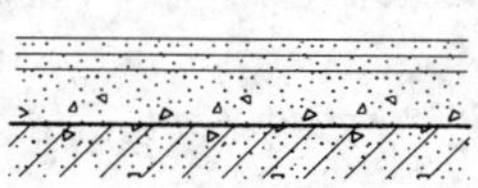	1. 12～18 厚 1∶2.5 水磨石楼面磨光打蜡 2. 素水泥浆结合层一道 3. 20 厚 1∶3 水泥砂浆找平层，上卧分格条 4. 40 厚 C20 细石混凝土垫层（后浇层） 5. 现浇钢筋混凝土楼板	72 (78)	1. 面层厚度根据石子粒径由设计人定 2. 分格条间距约 1m 3. 彩色磨石用白水泥加色并采用有色石子，比例由设计人定 4. 现浇钢筋混凝土楼板上不设垫层
预制水磨石地面	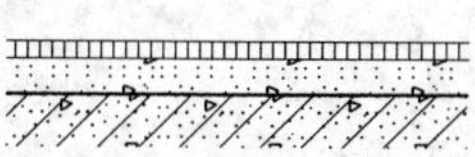	1. 铺 25 厚预制水磨石楼面，稀水泥浆擦缝 2. 撒素水泥面（洒适量清水） 3. 30 厚 1∶4 干硬性水泥砂浆结合层 4. 40 厚 C20 细石混凝土 5. 钢筋混凝土楼板	95	

续表

名称	图　例	工　程　做　法	厚度	说　明
铺地砖楼面	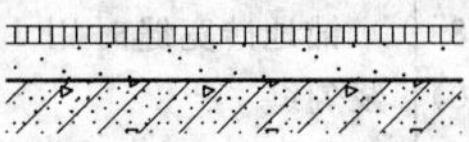	1. 8～10厚地砖楼面，干水泥擦缝 2. 撒素水泥面（洒适量清水） 3. 20厚1：4干硬性水泥砂浆结合层 4. 20厚1：3水泥砂浆找平层 5. 现浇钢筋混凝土楼板	48 (50)	垫层的厚度应满足敷设管线的要求，设计人可根据工程实际情况调整并注明垫层厚度
大理石楼面	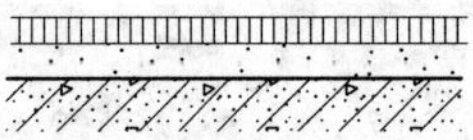	1. 20厚大理石地面，干水泥擦缝 2. 撒素水泥面（洒适量清水） 3. 30厚1：4干硬性水泥砂浆结合层 4. 20厚1：3水泥砂浆找平层 5. 现浇钢筋混凝土楼板	70	垫层厚度可根据工程实际情况调整并注明垫层厚度
陶瓷锦砖（马赛克）楼面	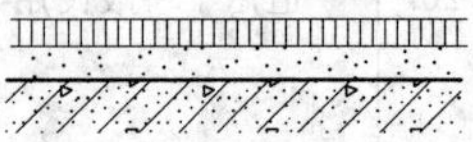	1. 5厚陶瓷锦砖铺实拍平，干水泥擦缝 2. 素水泥面（洒适量清水） 3. 20厚1：4干硬性水泥砂浆结合层 4. 20厚1：3水泥砂浆找平层 5. 现浇钢筋混凝土楼板	45	1. 陶瓷锦砖的颜色、规格由设计人定 2. 垫层厚度应满足敷设管线的要求，设计人可根据工程实际情况调整并注明垫层厚度

第1章 建筑初步设计

1.1 设计任务书

1.1.1 目的要求

通过设计实践，使学生初步了解一般民用建筑的设计原理；掌握建筑定位的方法和尺寸的标注；培养学生综合运用建筑设计原理分析问题和解决问题的能力，从中掌握方案设计的方法和步骤，达到可以运用建筑设计基本原理进行一般建筑方案设计。

1.1.2 题目：6班幼儿园设计

1.1.3 设计条件

1.1.3.1 建筑地点

该幼儿园在某城市居住区内，如图1.1所示。场地西、北侧为居住区内道路，南侧为小区内集中绿地，东侧为居民楼，场地平整。

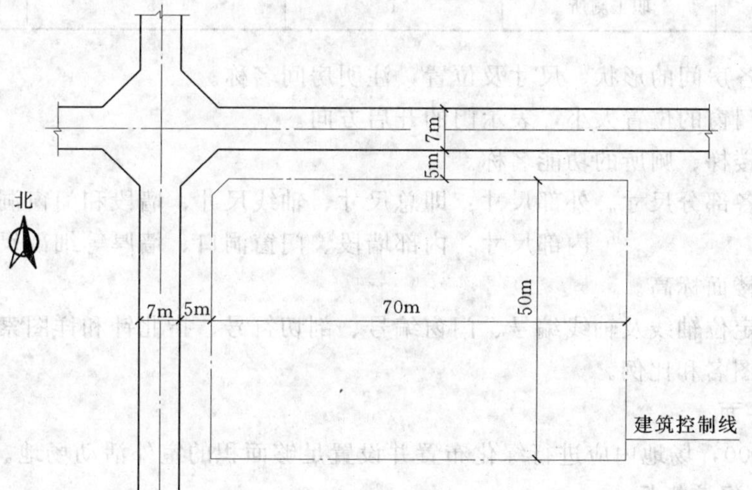

图1.1 6班幼儿园场地

1.1.3.2 技术要求

结构形式为砖混结构；建筑层数2～3层；主导风向冬季为东北风，夏季为西南风；耐火等级为二级；抗震设防为7度；日照间距按1∶1.5考虑。

1.1.3.3 房间名称及使用面积（见表1.1）

1.1.4 设计内容及图纸要求

1.1.4.1 平面图

各层平面，比例1∶100或1∶200。

表 1.1 房间名称及使用面积

	房间名称	间数	每间使用面积（m^2）	备 注
生活用房	活动室	6	60	每班 30 人
	寝室	6	60	
	卫生间	6	15～20	
	衣帽储存间	6	15	
	音体活动室	1	120	
服务用房	医保室	1	15～20	
	办公室	2		
	会议室	1	30～40	
	消毒间	1	15	
	传达值班室	1	15	
	厨房	1	60～80	可在总平面考虑
	储藏室	1	10～12	
	职工厕所	1	15	

（1）确定各房间的形状、尺寸及位置，注明房间名称。

（2）确定门窗的位置大小，表示门的开启方向。

（3）标注楼梯、厕所的功能名称。

（4）标注各部分尺寸。外部尺寸：即总尺寸、轴线尺寸、墙段和门窗洞口尺寸。

内部尺寸：内部墙段、门窗洞口、墙厚等细部尺寸。

（5）标注楼面标高。

（6）标注定位轴线及轴线编号、门窗编号、剖切符号、指北针和详图索引符号等。

（7）注写图名和比例。

1.1.4.2 总平面

比例 1∶500，场地内应进行绿化布置并设置足够面积的室外活动场地。

1.1.4.3 技术经济指标

总用地面积、人均用地面积、总建筑面积、人均建筑面积、设计说明。

1.1.4.4 图纸规格及图面要求

A2 图纸，用铅笔绘制。要求图面布置均匀、线条清楚、字体工整、比例正确。

1.2 设计方法和步骤

托儿所、幼儿园是对幼儿进行保育和教育的机构，一般接纳不足 3 周岁幼儿的为托儿所，接纳 3～6 周岁幼儿的为幼儿园。托儿所、幼儿园的建筑造型及室内设计应符合幼儿的特点，平面布置应功能分区明确，避免相互干扰，方便使用管理，有利于交通疏散。

1.2.1 托儿所、幼儿园的规模与组成

1.2.1.1 规模

班数的多少是托、幼建筑规模大小的标志。托、幼建筑规模的大小除考虑其本身的卫生、保育人员的配备以及经济合理等因素外，尚与托、幼机构所在地区的居民居住密度和均匀合理的服务半径等因素有关。

1. 幼儿园的规模（包括托、幼合建的）

见表1.2，以3、6、9、12个班划分为宜，6～9个班幼儿园居多。

2. 单独的托儿所的规模

以不超过5个班为宜。

3. 托儿所、幼儿园每班的人数

托儿所：小、中班15～20人，大班21～25人。

幼儿园：小班20～25人，中班26～30人，大班31～35人。

4. 托儿所、幼儿园的建筑面积及用地面积按表1.3考虑

表1.2 幼儿园规模

规模	班数	人数
大型	10～12	300～360人
中型	6～9	180～270人
小型	5以下	150人以下

表1.3 托儿所、幼儿园的建筑面积及用地面积

名称	建筑面积（m^2/人）	用地面积（m^2/人）
托儿所	7～9	12～15
幼儿园	9～12	15～20

1.2.1.2 组成

托儿所、幼儿园一般由以下几部分组成。

1. 生活用房

包括活动室、寝室、乳儿室、配乳室、喂奶室、卫生间（包括厕所、盥洗、洗浴）、衣帽贮藏室、音体活动室等。全日制托儿所、幼儿园的活动室与寝室宜合并设置。

2. 服务用房和供应用房

包括医务保健室、隔离室、晨检室、保育员值宿室、教职工办公室、会议室、值班（包括收发室）及教职工厕所、浴室等。全日制托儿所、幼儿园不设保育员值宿室。

供应用房包括幼儿厨房、消毒室、烧水间、洗衣房及库房等。

3. 室外活动场地

包括班级活动场地和公共活动场地。

1.2.2 幼儿园各类房间的设计

幼儿园的生活用房应布置在当地最好日照方位，并满足冬至日底层满窗日照不少于3小时，温暖地区、炎热地区的生活用房应避免朝西，否则应设遮阳设施。建筑侧窗采光的窗地面积之比不应小于表1.4的规定。生活用房的室内净高不低于表1.5的规定。

1.2.2.1 幼儿园生活用房

幼儿园生活用房面积不应小于表1.6的规定。寄宿制幼儿园的活动室、寝室、卫生间、衣帽贮藏室应设计成每班独立使用的生活单元。

表 1.4　窗地面积比

房间名称	窗地面积比
音体活动室、活动室	1∶5
寝室、医务保健室、隔离室	1∶6
其他用房	1∶8

表 1.5　生活用房的室内最低净高

房间名称	净高（m）
活动室、寝室	2.80
音体活动室	3.60

1. 活动室设计

活动室是供幼儿室内游戏、进餐、上课等日常活动的用房，最好朝南，以保证良好的日光、采光和通风。其空间尺度要能够满足多种活动的需要，室内布置和装饰要适合幼儿的特点。地面材料宜采用暖性、弹性地面，墙面所有转角处做成圆角，有采暖设备处应加设扶栏，做好防护措施。

表 1.6　生活用房的最小使用面积　单位：m^2

房间名称	大班	中班	小班	备　注
活动室	50	50	50	每班面积
寝室	50	50	50	
卫生间	15	15	15	
衣帽贮藏室	9	9	9	
音体活动室	150	120	90	全园共有面积

（1）幼儿身量尺度见表 1.7、图 1.2。

表 1.7　幼儿身量尺度

年龄（周岁）	3	4	5	6	7
男孩	960	1020	1080	1130	1180
女孩	950	1010	1070	1120	1160

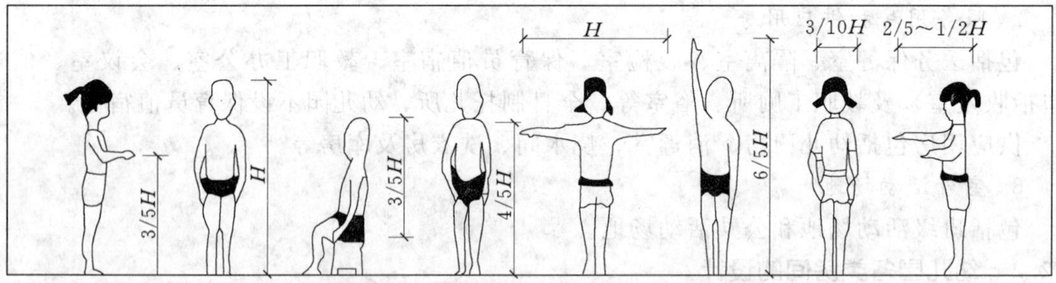

图 1.2　幼儿身量尺度

（2）活动室的家具和设备：活动室的家具除桌、椅外，其他的家具设备大致可分为教学和生活两类，分别是：黑板、作业教具柜、分菜桌等（见图 1.3）。

（3）活动室的平面形状及布置：活动室应满足多种活动功能的需要，主要有上课、作业、就餐、游戏等。活动室的平面形状以长方形最为普遍。长方形平面结构简单、施工方便，而且空间完整，能满足各种活动的使用要求。其他形状如扇形、六边形等的活动室平

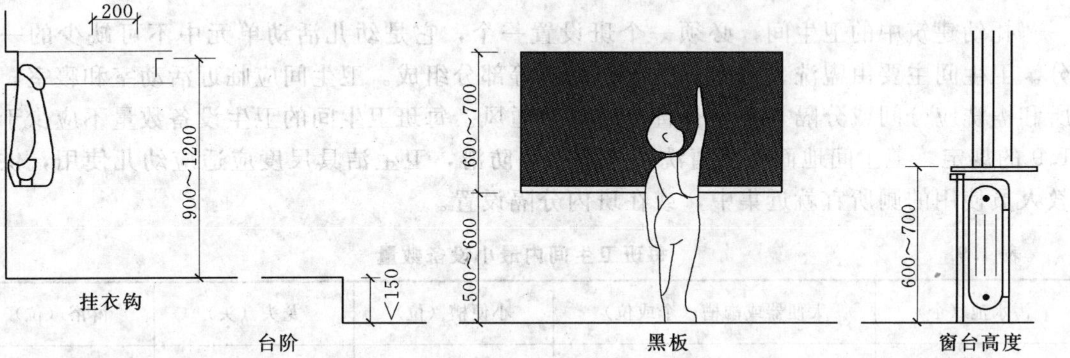

图 1.3　室内设置

面，不少是在特定条件下，根据平面布局的要求而有所变化的。

2. 寝室设计

寝室是专供幼儿睡眠的用房。寝室应布置在朝向好的方位，温、炎热地区要避免西晒或设遮阳设施，并应与卫生间临近。幼儿床的设计要适应儿童尺度（见表 1.8），制作要坚固省料，使用安全，便于清洁。床的布置要便于保教人员巡视照顾，并使每个床位有一长边靠走道。靠窗和靠外墙的床要留出一定距离（图 1.4）。

表 1.8　　幼儿床尺寸

班级	L	W	H_1	H_2
大班	1400	700	350	700
中班	1300	650	320	650
小班	1200	600	300	600

注　L—长度，W—宽度，H_1—床板高度，H_2—床栏板高度。

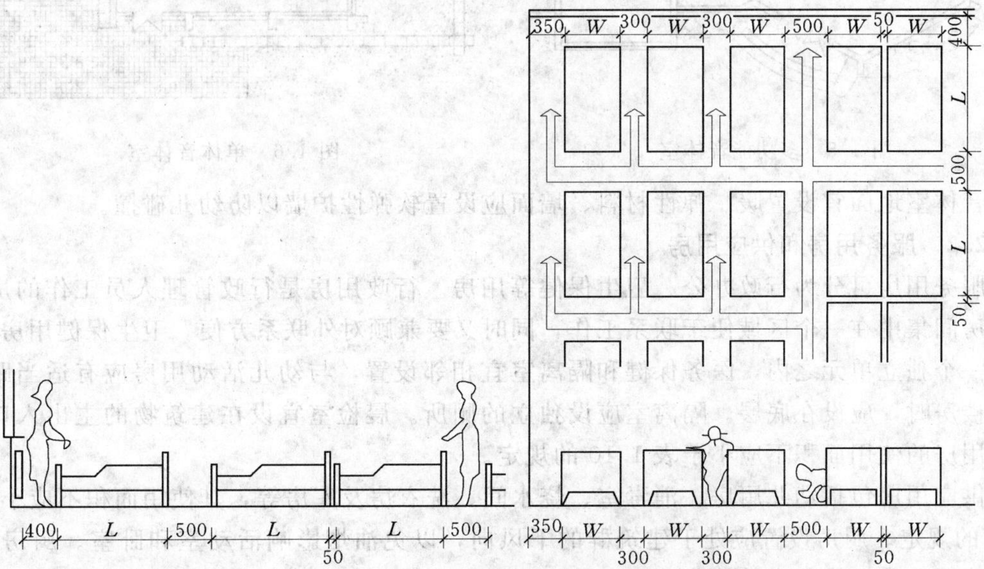

图 1.4　寝室床位布置图（3 岁以上）

3. 卫生间设计

托幼建筑中的卫生间，必须一个班设置一个，它是幼儿活动单元中不可缺少的一部分。卫生间主要由盥洗、浴室、更衣、厕所等部分组成。卫生间应临近活动室和寝室，厕所和盥洗应分间或分隔，并应有直接的自然通风。每班卫生间的卫生设备数量不应少于表1.9的规定。卫生间地面要易清洗，不渗水，防滑，卫生洁具尺度应适应幼儿使用，供保教人员使用的厕所宜就近集中，或在班内分隔设置。

表 1.9　　每班卫生间内最小设备数量

污水池（个）	大便器或沟槽（个或位）	小便槽（位）	龙头（头）	淋浴（位）
1	4	4	6～8	2

4. 音体活动室设计

音体活动室是幼儿进行室内音乐、体育、游戏、节目娱乐等活动的用房。它专供全园幼儿公用，不应包括在儿童活动单元之内。其布置宜临近生活用房，不应和服务、供应用房混设在一起。可以单独设置，此时宜用连廊与主体建筑连通，也可以和大厅结合，或与某班活动室结合。有关平面布置见图 1.5、图 1.6。

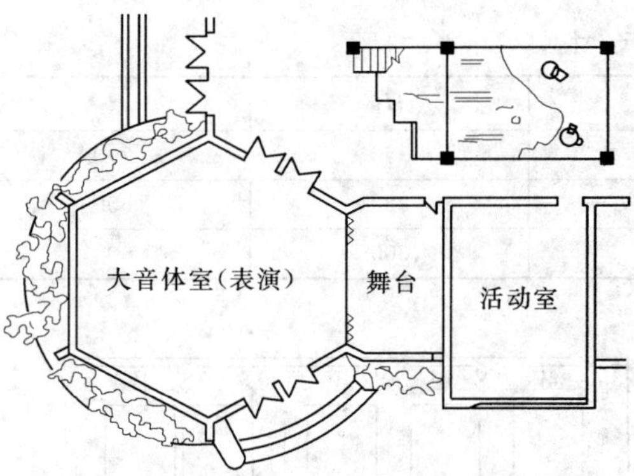

图 1.5　多功能音体室

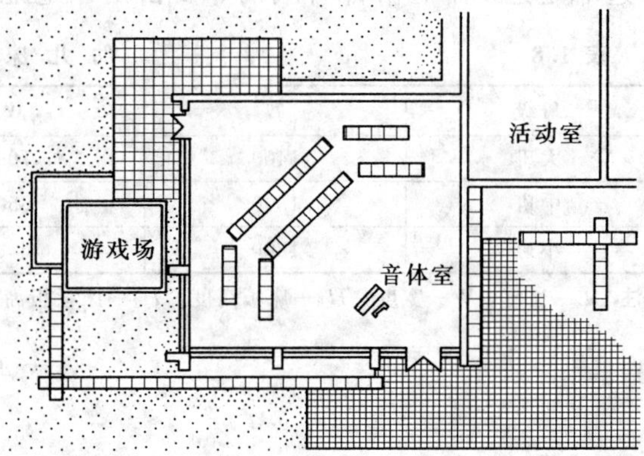

图 1.6　单体音体室

音体室地面宜设置暖、弹性材料、墙面应设置软弹性护墙以防幼儿碰撞。

1.2.2.2　服务用房和供应用房

服务用房可分为行政办公、卫生保健等用房。行政用房是行政管理人员工作的房间，这些房间集中在一个区域便于联系工作，同时又要兼顾对外联系方便。卫生保健用房最好设在一个独立单元之内，医务保健和隔离室宜相邻设置，与幼儿活动用房应有适当距离。如为楼房时，应设在底层。隔离室应设独立的厕所。晨检室宜设在建筑物的主出入口处。服务用房的使用面积不应小于表 1.10 的规定。

供应用房包括幼儿厨房、消毒室、烧水间、洗衣房及库房等，其使用面积不应小于表1.11 的规定。厨房设置应处于建筑群的下风向，以免油烟影响活动室和卧室。厨房门不应直接开向儿童公共活动部分。

表 1.10　服务用房最小使用面积

单位：m^2

房间名称	规模		
	大型	中型	小型
医保室	12	12	10
隔离室	2×8	8	8
晨检室	15	12	10

表 1.11　供应用房最小使用面积

单位：m^2

房间名称	大型	中型	小型
厨房	45	36	30
消毒间	12	10	8
洗衣房	15	12	8

1.2.3　托儿所、幼儿园建筑的平面组合设计

1.2.3.1　基本要求

（1）各类房间的功能关系要合理。

（2）应注意朝向、采光和通风，以利创造良好的室内环境条件。

（3）注意儿童的安全防护和卫生保健。在平面组合中应防止儿童擅自外出、穿入锅炉房、洗衣房、厨房等处。注意各生活单元的隔离及隔离室与生活单元的关系。

（4）要具有儿童建筑的性格特征。通过建筑的空间组合、形式处理、材料结构的特征、色彩的运用及其他手法的处理，使建筑室内外的空间形象活泼、简洁明快，反映出儿童建筑的特点。

1.2.3.2　组合方式

托儿所、幼儿园建筑的组合方式是多种多样的，从房间组合的内在联系方式上，有以下

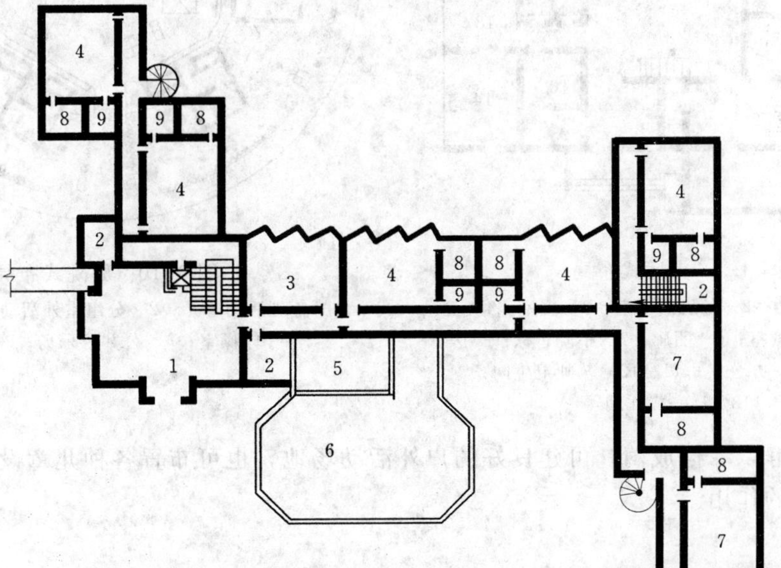

图 1.7　走廊式布局

1—活动厅；2—值班室；3—音乐教室；4—寝室；5—天井上部；6—风雨活动室屋顶；7—室内活动室；8—卫生间；9—储藏室

几种：

（1）以走廊（内廊或外廊、单面或双面布置房间）联系房间的方式。这种走廊式组合对组织房间、安排朝向、采光和通风等具有很多优越的条件。由于规模、用地形状、环境以及气候条件等不同，有比较集中和比较伸展的廊式组合，如图 1.7 所示。

（2）按功能不同，组织若干独立部分，分幢分散组合的称为“分散式”，如图1.8所示。

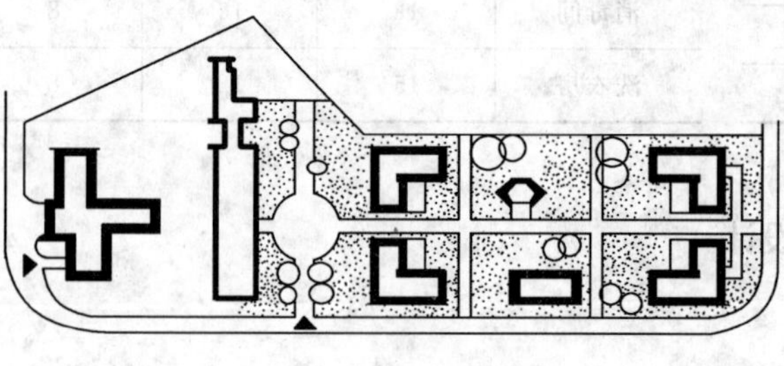

图 1.8　分散式布局

（3）以大厅联系房间的方式。这种大厅式组合以大厅为中心联系各儿童活动单元，联系方便，交通路线短捷。一般多利用大厅为多功能的公共活动用，如游戏、放映、集会、演出等，如图 1.9 所示。

（4）围绕庭院布置托、幼建筑的各种用房称为“庭园式”或“院落式”，如图 1.10 所示。这种组合方式，庭院内部空间安静，绿树成荫，可建良好的户外活动场地，也可布置各种儿童设施，同时，兼有通风采光的作用。

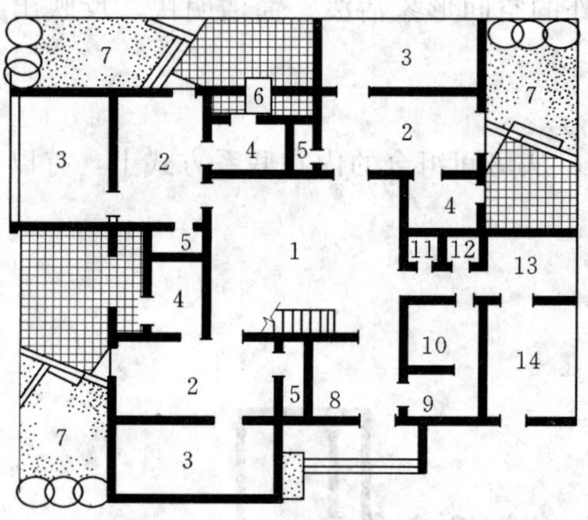

图 1.9　大厅式布局

1—公共活动厅；2—各班活动室；3—寝室；4—卫生间；5—储藏室；6—凹廊；7—小院；8、9—医务室；10—办公室；11、12—教师卫生间；13、14—操作间

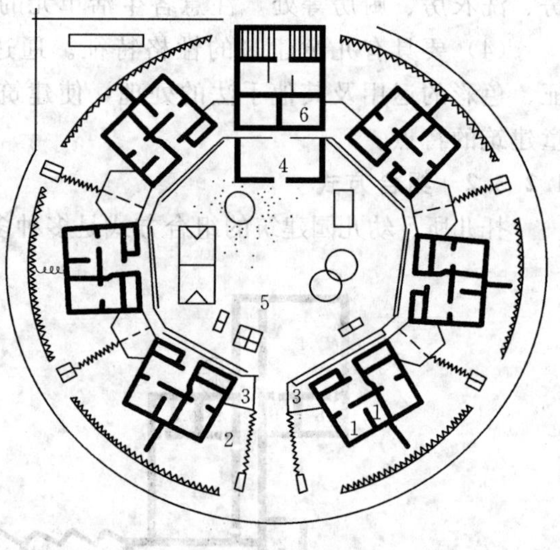

图 1.10　庭院式布局

1—各班活动单元；2—分组室外活动场；3—敞棚；4—体操室；5—公共游乐场；6—管理室

1.3　设　计　图　例

某 6 班幼儿园设计，详见图 1.11～图 1.13。

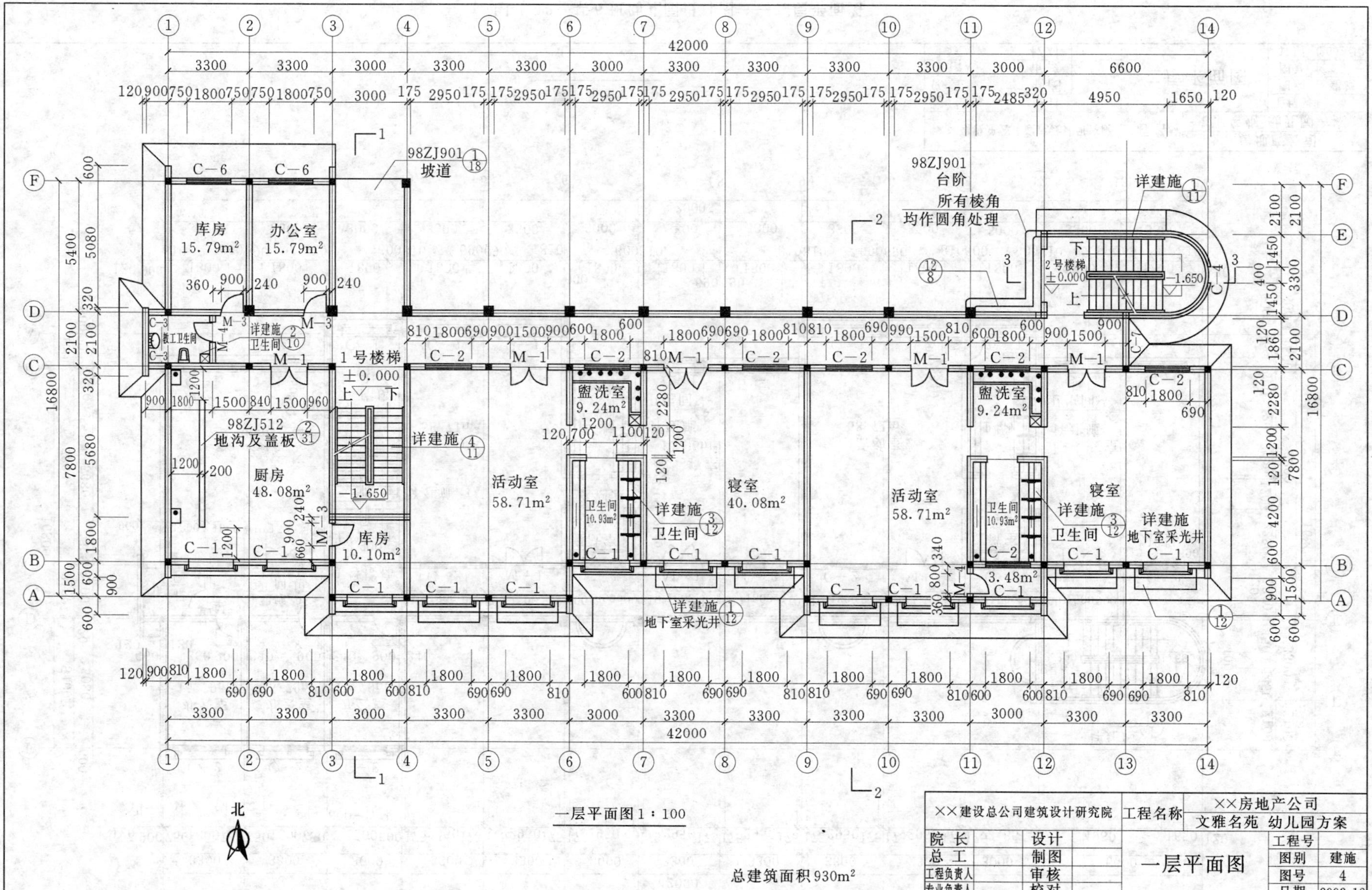

图 1.11 某 6 班幼儿园设计图——一层平面图

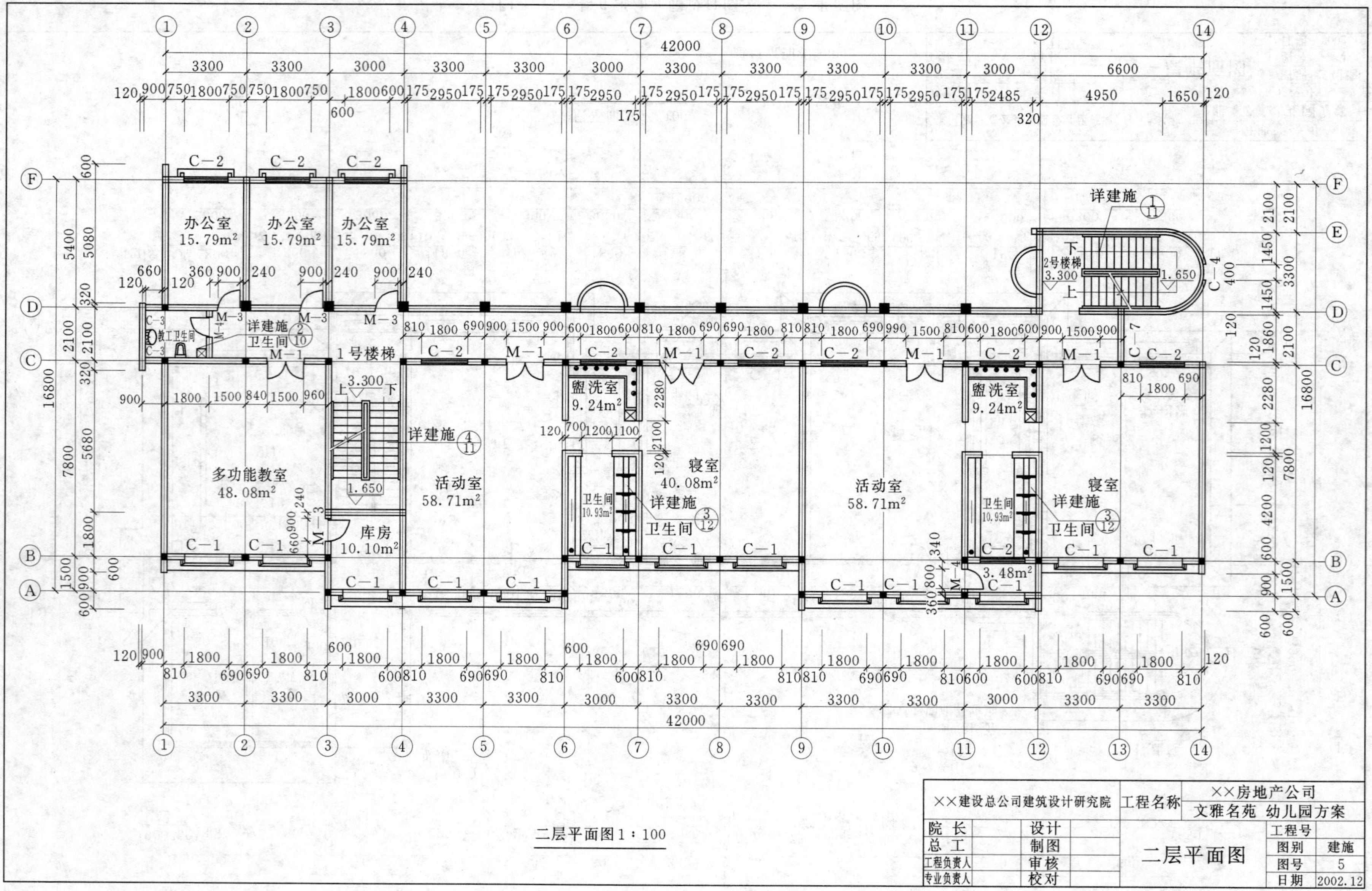

图 1.12 某6班幼儿园设计图——二层平面图

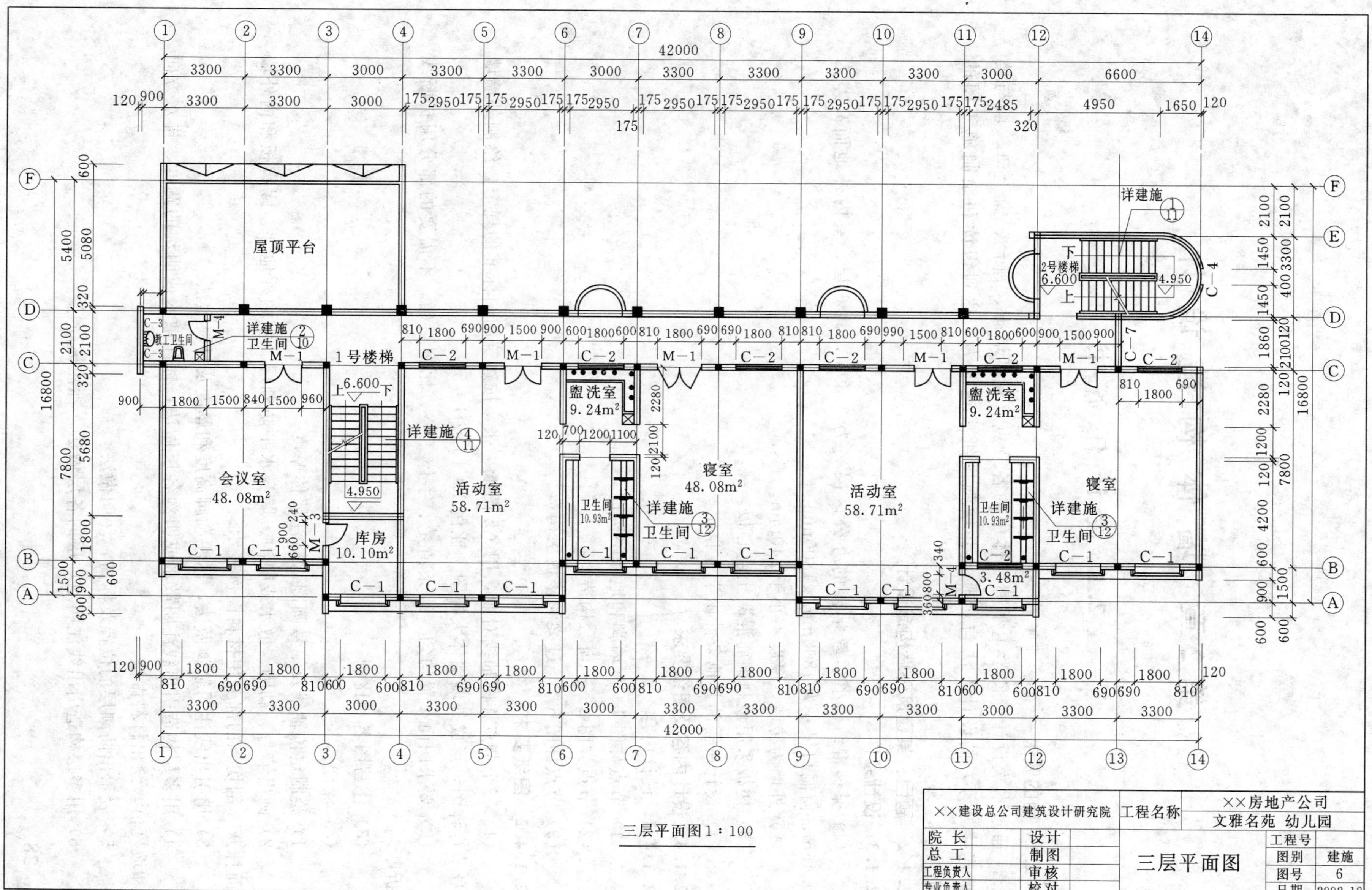

图 1.13 某 6 班幼儿园设计图——三层平面图

第2章 墙体构造设计

2.1 设计任务书

2.1.1 目的要求

通过本次设计，使学生掌握墙体中的各节点（包括墙脚、窗台、窗上口、墙与楼板连接处等）的设计方法与步骤，并增强图纸表达能力，达到识读和绘制施工图的能力。

2.1.2 题目：某建筑外墙构造设计

2.1.3 设计条件

（1）某砖混结构小学教学楼的办公区层高为3.30m，共6层。室内外地面高差为0.45m，窗洞口尺寸为1800mm×1800mm。

（2）外墙为砖墙，厚度不小于240mm。

（3）楼板采用预制钢筋混凝土空心板。

（4）设计所需的其他条件由学生自定。

2.1.4 设计内容及图纸要求

2.1.4.1 设计内容

（1）节点详图1——墙脚和地坪层构造。

（2）节点详图2——窗台构造。

（3）节点详图3——过梁和楼板层构造。

2.1.4.2 图纸要求

（1）三个节点详图轴线对照，用A2图纸一张，按建筑制图标准的规定，绘制外墙墙身节点详图，形成外墙墙体大样图。比例1∶10或1∶5。

（2）要求图面布置均匀、线条清楚、字体工整、比例正确。不需要的部分用折断线折断。

（3）注写图名和比例。

（4）深度。

1）绘制定位轴线及编号圆圈，标注墙体厚度。

2）画出墙身、勒脚、散水或明沟、墙身水平防潮层、室内外地坪、踢脚板和内外墙面抹灰。剖切到的部分用材料图例表示。

3）用引出线注明勒脚做法，标注勒脚高度和厚度及材料做法。

4）用多层构造引出线注明散水或明沟各层做法，标注散水或明沟的宽度、排水方向和坡度值，绘出材料做法。

5）表示出防潮层的位置及标高，注明做法。

6）用多层构造引出线注明地坪层的各层做法，标注标高。

7）注明踢脚板的做法，标注踢脚板的高度、厚度等尺寸。

8）画出内外窗台、窗和上下窗框等。

9）用引出线注明内外窗台的饰面做法，标注细部尺寸，标注外窗台的排水方向和坡度值。

10）按开启方式和材料表示出窗框，表示清楚窗框与窗台饰面的连接（可参考《房屋建筑学》门窗一章的内容）。

11）用多层构造引出线注明内外墙面装修做法。

12）标注窗台标高。

13）画出过梁、窗框、楼板层和踢脚板等做法。

14）表示清楚过梁的断面形式，标注有关尺寸。

15）用多层构造引出线注明楼板层做法，表示清楚楼板的形式以及板与墙、板与板间的关系。

16）标注楼层标高，过梁底面（结构面）标高。

2.2 设计方法和步骤

2.2.1 墙脚和地坪层构造

（1）墙脚构造：外墙墙脚构造设计主要包括确定勒脚、防潮层、散水或明沟的构造。

1）勒脚：根据勒脚的构造要求并结合立面设计，确定勒脚的构造做法和高度。勒脚高度不低于500mm，一般延伸至首层窗台的底部。

2）防潮层：选择防潮层的做法，根据地坪层的垫层材料确定防潮层的位置。工程中常利用基础圈梁来兼代墙身水平防潮层。

3）散水或明沟：根据当地的气候条件，确定墙脚处的排水方案。采用散水时，应确定散水的宽度、排水坡度和构造做法。若设明沟排水，则应确定明沟的尺寸和构造做法。散水或明沟与勒脚的连接构造要合理。一般情况下勒脚应伸入散水之下。

（2）地坪层构造：包括地坪层构造和踢脚板构造。

根据房间使用要求和室内装饰要求，确定地坪层的构造做法以及踢脚板的做法和高度。

2.2.2 窗台构造

包括墙面装修和窗台构造等。

（1）墙面装修：根据使用要求和装饰要求确定内外墙面装修的饰面材料和构造做法。

（2）窗台构造：

1）根据外墙面的饰面材料特点和立面设计要求确定外窗台的形式。在满足立面设计要求的情况下，外墙面为抹灰类或涂料类装修时，窗台宜采用悬挑式，并做滴水处理，若为贴面类装修，窗台可不悬挑。

2）确定外窗台的排水坡度和饰面做法。

3）参考《房屋建筑学》门窗一章的内容，确定内窗台构造和窗框构造。根据使用要求结合当地气候条件，确定窗框在墙洞中的相对位置，当窗框设在墙身中部时，应根据室内装饰要求确定内窗台的饰面材料和做法。当窗框与墙内缘平时，应做贴脸。根据窗的开启方式和窗框材料，选择窗框的断面形式，窗框与内外窗台饰面的结合应密实。

2.2.3　过梁和楼板层构造

1. 过梁

（1）选择过梁类型：由于窗洞口宽度较大，故宜采用钢筋混凝土过梁。

（2）根据墙体厚度和窗洞口宽度，考虑结构、构造和施工要求，确定过梁的断面形式和尺寸。

应考虑立面设计和遮阳要求，过梁可挑出外墙形成窗眉板，并应做好窗眉板的防水细部构造，主要包括上表面的防水处理和排水坡度，以及下表面的滴水处理等。

2. 楼板层构造

（1）选择预制钢筋混凝土楼板的断面形式，应考虑板的布置，确定板与墙的连接关系。

（2）根据使用和室内装饰要求，确定楼面和顶棚的饰面材料及构造做法。

（3）确定踢脚板的形式、高度和做法。

2.3　设 计 图 例

常见的外墙面装修工程做法，见表0.4。

常见的内墙面装修工程做法，见表0.5。

常见的地面做法，见表0.6。

常见的楼面做法，见表0.7。

常见外墙构造图例见图2.1～图2.6。

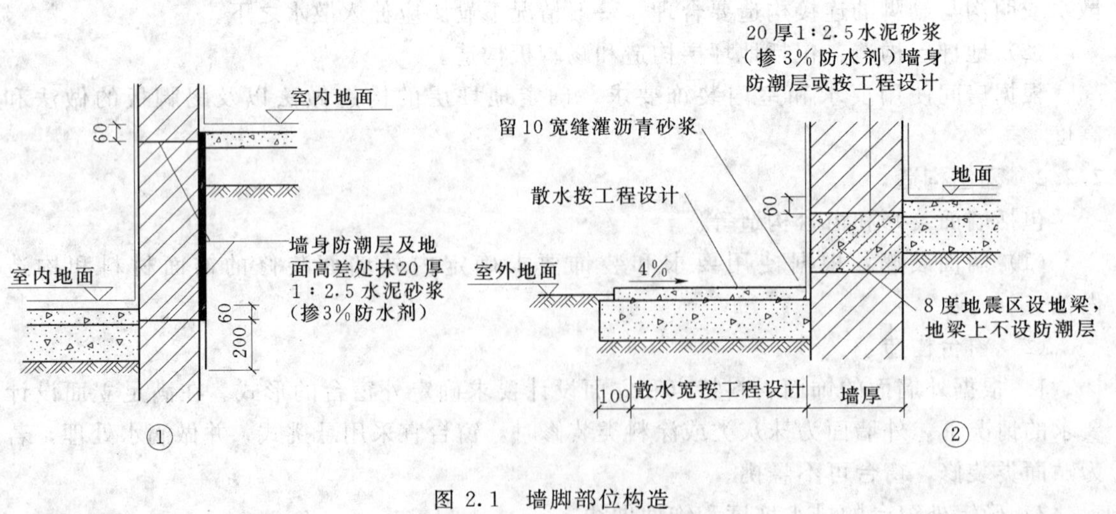

图2.1　墙脚部位构造

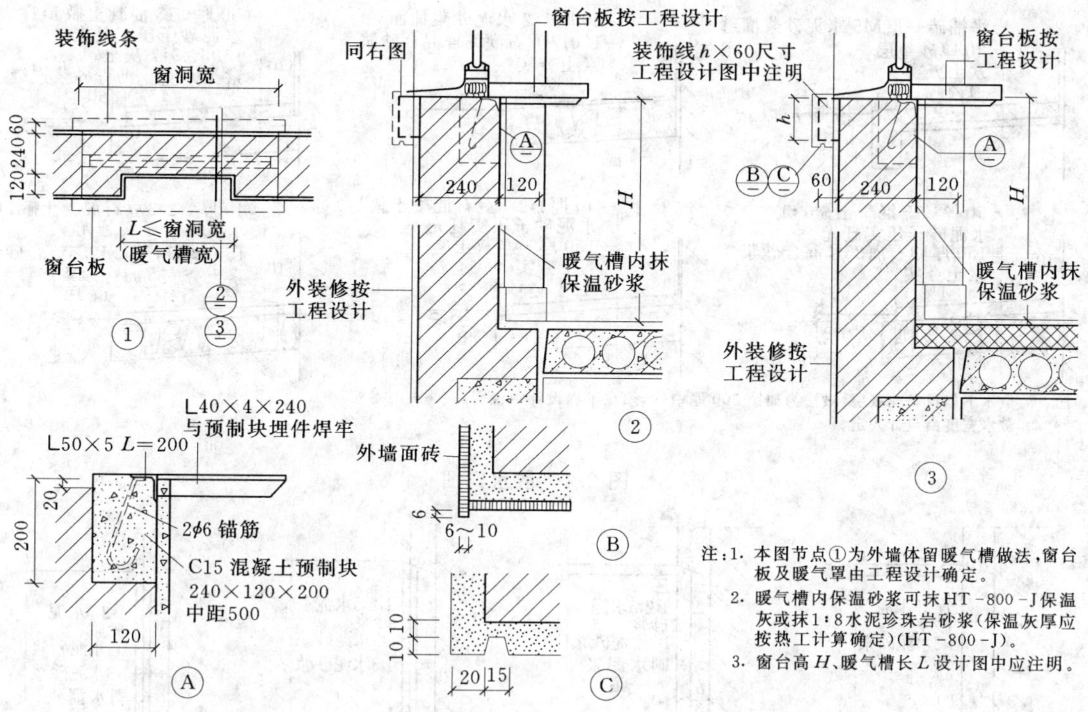

注：1．本图节点①为外墙体留暖气槽做法，窗台板及暖气罩由工程设计确定。
2．暖气槽内保温砂浆可抹HT－800－J保温灰或抹1∶8水泥珍珠岩砂浆（保温灰厚应按热工计算确定）(HT－800－J)。
3．窗台高H、暖气槽长L设计图中应注明。

图 2.2　暖器槽墙体构造

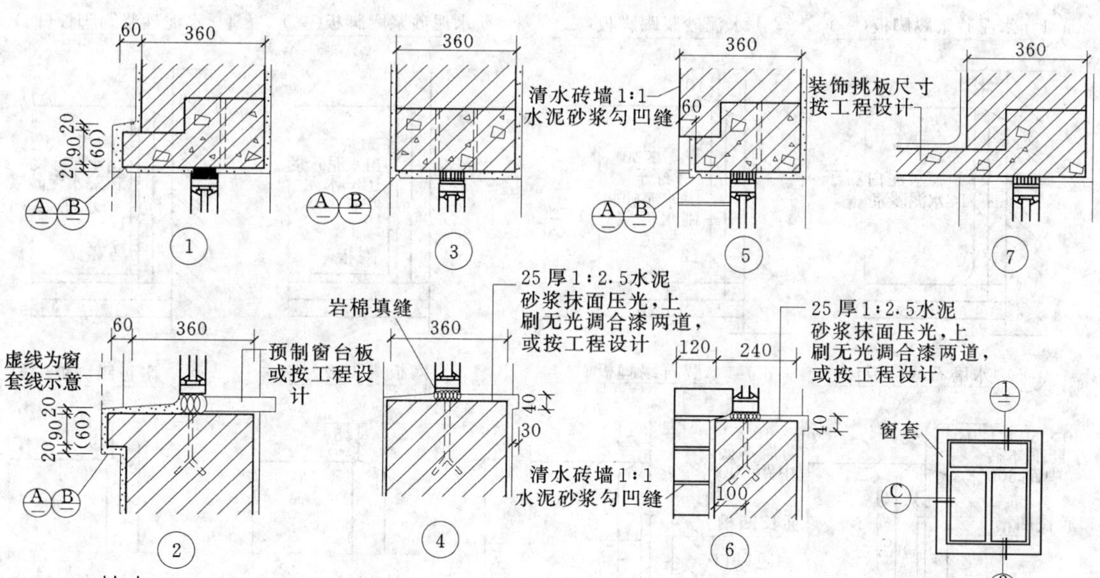

注：内、外墙饰面用料做法按工程设计。

图 2.3　窗上口及窗台构造

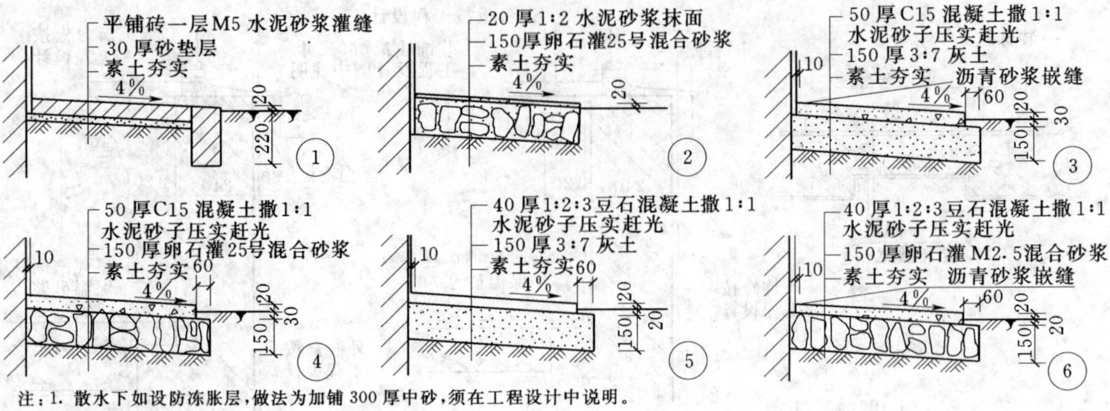

注：1. 散水下如设防冻胀层，做法为加铺300厚中砂，须在工程设计中说明。
2. 散水宽度由设计人定。

图 2.4 散水详图

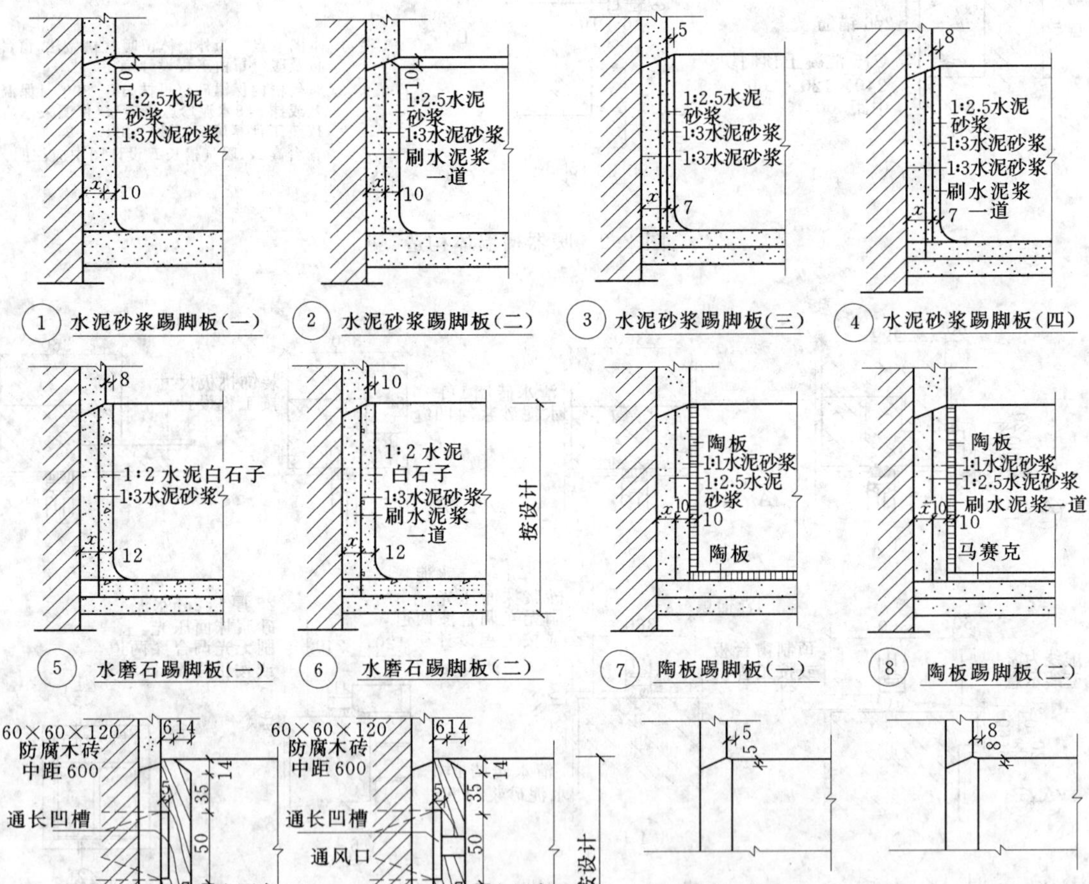

注：1. 由于墙面抹灰厚度不同，图中 x 值由选用墙面抹灰的厚度来确定。
2. 图中Ⓐ、Ⓑ线脚供选用。

图 2.5 常见踢脚做法

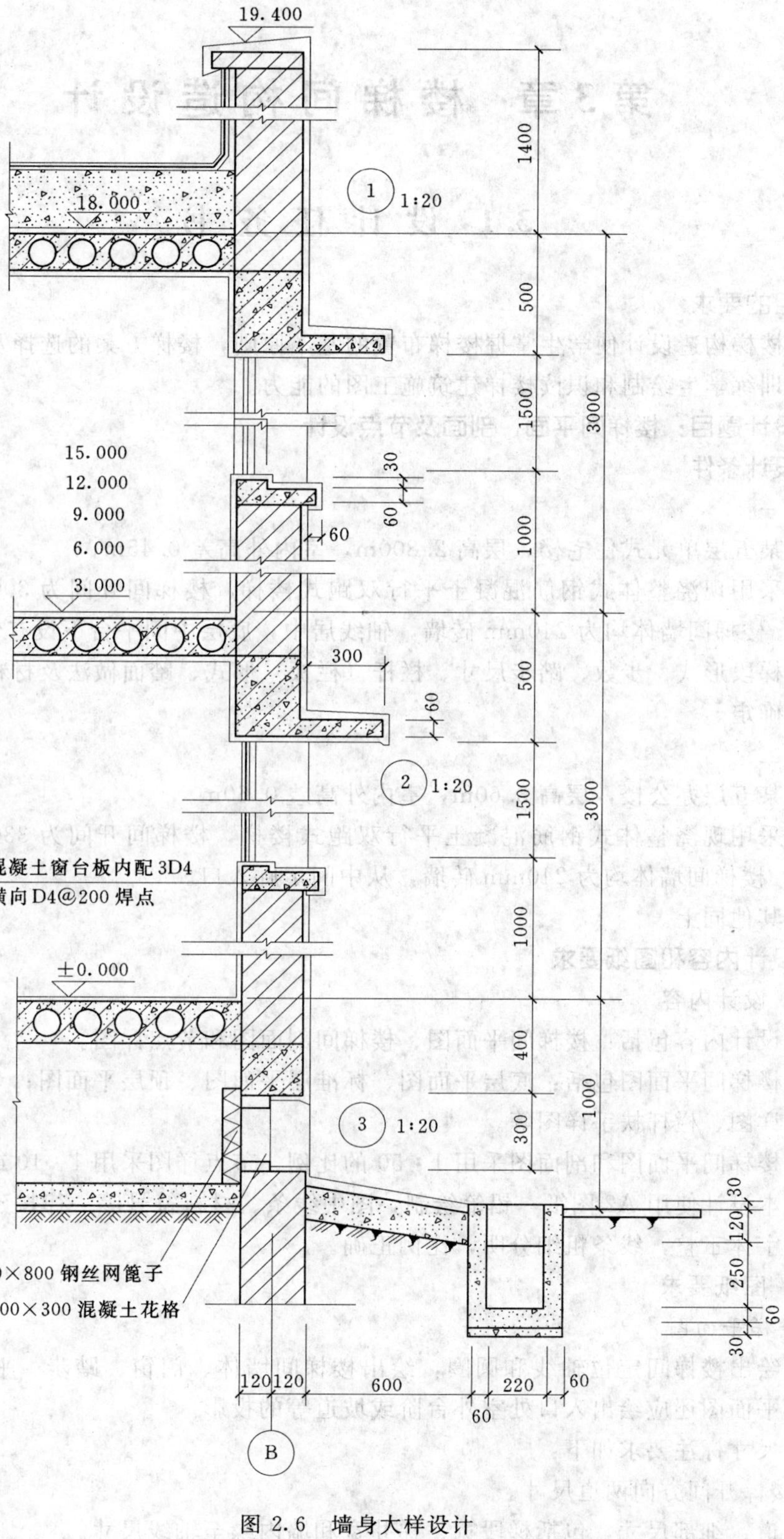
19.400
1400
18.000
① 1:20
500
1500
3000
15.000
12.000
9.000
6.000
3.000
30
60
60
1000
300
500
60
② 1:20
1500
3000
细石混凝土窗台板内配3D4
钢筋横向D4@200焊点
1000
±0.000
400
③ 1:20
1000
300
30
120
250
60
30
500×800 钢丝网篦子
300×300 混凝土花格
120
120
600
220
60
60
B

图 2.6 墙身大样设计

第3章 楼梯间构造设计

3.1 设计任务书

3.1.1 目的要求

通过楼梯构造设计使学生掌握楼梯布置的基本原则，楼梯方案的选择及楼梯设计的细部构造，训练学生绘制和识读楼梯建筑施工图的能力。

3.1.2 设计题目：楼梯间平面、剖面及节点设计

3.1.3 设计条件

题目一：

（1）某五层单元式住宅楼，层高2.800m，室内外高差0.45m。

（2）采用现浇整体式钢筋混凝土平行双跑式楼梯，楼梯间开间为3000mm，进深为5700mm，楼梯间墙体均为240mm砖墙，轴线居中，底层中间平台下设有住宅出入口。

（3）梯段形式、步数、踏步尺寸、栏杆（栏板）形式、踏面做法及材料由学生按当地习惯自行确定。

题目二：

（1）某五层办公楼，层高3.60m，室内外高差0.60m。

（2）采用现浇整体式钢筋混凝土平行双跑式楼梯，楼梯间开间为3300mm，进深为6000mm，楼梯间墙体均为240mm砖墙，从中间走廊入口。

（3）其他同上。

3.1.4 设计内容和图纸要求

3.1.4.1 设计内容

（1）设计内容包括：楼梯间平面图、楼梯间剖面图和节点详图。

（2）楼梯间平面图包括：底层平面图、标准层平面图、顶层平面图；节点详图主要包括：踏步详图、栏杆扶手详图等。

（3）楼梯间平面图和剖面图采用1∶50的比例，节点详图采用1∶10或1∶5的比例。

（4）本设计使用A2图纸，铅笔绘制，图中线条、材料符号等一律按建筑制图标准表示，要求字体工整，线条粗细分明，比例正确。

3.1.4.2 图纸要求

1. 楼梯平面图

（1）绘出楼梯间定位轴线和圆圈，绘出楼梯间墙体、门窗、踏步、平台及栏杆扶手等。底层平面图还应绘出入口处室外台阶或坡道等的投影。

（2）尺寸标注要求如下：

1）楼梯开间方向两道尺寸。

第一道：细部尺寸，包括梯段宽、梯井宽和墙内缘至轴线尺寸。

第二道：轴线尺寸及轴线编号。

注意：①梯井宽指平行两梯段结构之间的净距，而非楼梯扶手之间的净距；②不标注门窗洞口及墙段尺寸，但应在图上画出。

2）楼梯进深方向两道尺寸。

第一道：细部尺寸，包括梯段投影长度＝踏步宽×（步数－1）、平台宽度和墙内缘至轴线尺寸。

第二道：轴线尺寸及轴线编号。

注意：若两梯段长度相同，可只在一边标注，若不同，则应在另一边加注第一道尺寸。

3）内部标注楼层和中间平台标高、室内外地面标高（建筑标高），标注楼梯上下行指示线，并注明该层楼梯的踏步数。

4）注写图名、比例，底层平面图还应标注剖切符号及编号。

注意：剖切线的剖视方向应朝向有梯段一方看，并应剖到楼梯间端墙上所开的门窗洞口。

2. 楼梯剖面图

楼梯剖面图应画出底层、标准层（或不同层）、顶层的梯段，顶层画到顶层栏杆扶手高度以上用折断线切断。剖面图应按楼梯平面图上剖切线剖视方向绘制。具体要求如下。

（1）绘出梯段、平台、栏杆扶手，室内外地面、室外台阶或坡道、雨篷以及剖切到投影所见的门窗、楼梯间墙等，剖切到部分用材料图例表示。

（2）尺寸标注要求如下：

1）水平方向。

第一道：细部尺寸，包括梯段投影长度、平台宽度和墙内缘至轴线尺寸。

第二道：轴线尺寸及轴线编号。

2）垂直方向。

第一道：各梯段高度：踏步高×步数＝梯段高度。

第二道：层高尺寸。

3）标注各楼层和中间平台标高、室内外地面标高、平台梁底标高、栏杆扶手高度等。

4）绘制详图索引，注写图名和比例。

3. 楼梯构造节点详图（2～4个）

（1）选择典型部位进行详图设计，如扶手—栏杆—梯段的连接、扶手断面尺寸及材料、栏杆（板）细部构造及装饰做法、踏步防滑条及装饰做法等。

（2）要求表示清楚各细部构造、有关尺寸和做法说明，能基本表达设计意图。注写详图符号和比例。

3.2 设计方法和步骤

根据楼梯间的开间、进深、层高，确定每层楼梯踏步的高和宽、梯段长度和宽度以及平台宽度等。

1. 根据建筑物的性质、楼梯的平面位置及楼梯间的尺寸确定楼梯的形式及适宜的坡度

初步确定踏步宽 b 和踏步高 h，可利用经验公式：$b+h=450$ 或 $2h+b=600\sim620$mm，或参考表 3.1 选取。

表 3.1　常用适宜踏步尺寸

名　称	踏步高	踏步宽	名　称	踏步高	踏步宽
住宅	156～175	250～300	医院（病人用）	150	300
学校、办公楼	140～160	280～340	幼儿园	120～150	260～300
剧院、会堂	120～150	300～350			

2. 根据楼梯间开间尺寸确定梯段宽度 B 和梯井宽度

梯段宽度应符合《建筑楼梯模数协调标准》（GBJ 101）及防火规范等有关规定，多层住宅的公共楼梯梯段最小宽度为 1100mm。梯井宽度一般在 100mm 左右，当大于 200mm 时，必须采取防止儿童攀滑的措施。见图 3.1 楼梯井与楼梯扶手处的处理。

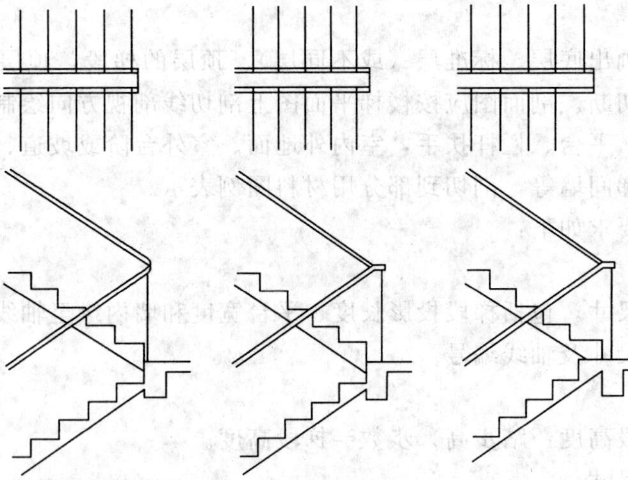

图 3.1　楼梯井与楼梯扶手处的处理

(*a*) 设横向倾斜扶手；(*b*) 栏杆外伸；(*c*) 上下梯段错开一个踏步

3. 确定踏步级数 n，调整踏步高 h

用层高 H 除以踏步高 h，得踏步级数 $n\approx H/h$，当 n 为小数时，取整数。为使构件统一，以便简化结构和施工，平行双跑楼梯各层的踏步数量宜取偶数。设计时，踏步高的总和与层高误差≤5mm 时，可在施工中调整。

4. 确定楼梯平台的宽度 B'

注意 $B'\geqslant B$（梯段宽）。

5. 由踏步宽 b 及每梯段的级数 n' 来确定梯段的水平投影长度 L

$$L=b\times(n'-1)$$

$n'-1$ 为 n' 级踏步的踏面数。

6. 确定楼梯结构形式（梯段形式、平台梁形式、平台板的布置方式）和构造方案

根据梯段跨度按结构要求确定楼梯的结构形式。当梯段跨度不大时（一般不超过 3m），可采用板式梯段，当梯段跨度或荷载较大时，宜采用梁式楼梯。若选用梁式楼梯，应确定梯梁的布置形式。

7. 进行楼梯净空高度的验算

应使楼梯净空高度符合梯段与梯段下部净空高度的要求，见图 3.2。

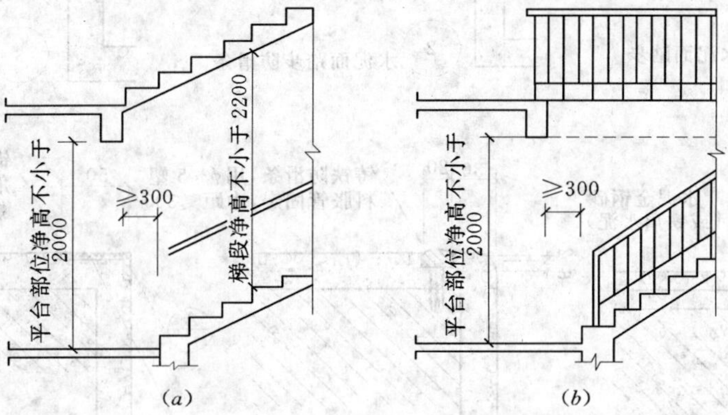

图 3.2 梯段及平台部位净高要求

对于底层平台下做出入口时，应验算平台梁下净空高度是否满足≥2m 的要求。若不满足，可通过下列途径加以调整：

（1）在建筑室内外高差较大的前提下，降低楼梯间底层平台梁下的室内地坪标高。

（2）增加底层第一梯段的踏步数，使第一休息平台位置上移。并注意：

1）此时第一梯段是整部楼梯中最长一段，仍然要保证梯段宽度和平台深度之间的相互关系。

2）当层高较小时，应检验第一、三楼梯段之间的净高是否满足不小于 2.2m 的要求。

3）将（1）、（2）种方法结合使用。

8. 根据平面图、剖切位置及上述尺寸绘制剖面草图

（1）计算踏步级数和踏步的高度、宽度。

（2）画出全部踏步的剖面轮廓线。

（3）按所选定的结构形式画出梯段板（梁），平台梁及平台板，梯段与平台梁的连接方式等。

（4）画出端墙及墙上的门、窗、过梁等。

9. 根据剖面图调整好的尺寸对平面图进行调整，并按设计要求进行尺寸标注

10. 完成剖面图，加深并标注

11. 选择有代表性的构造节点进行楼梯细部设计

如栏杆与梯段的连接、栏杆与扶手的连接、踏面防滑处理等，见图 3.3～图 3.7 所示。

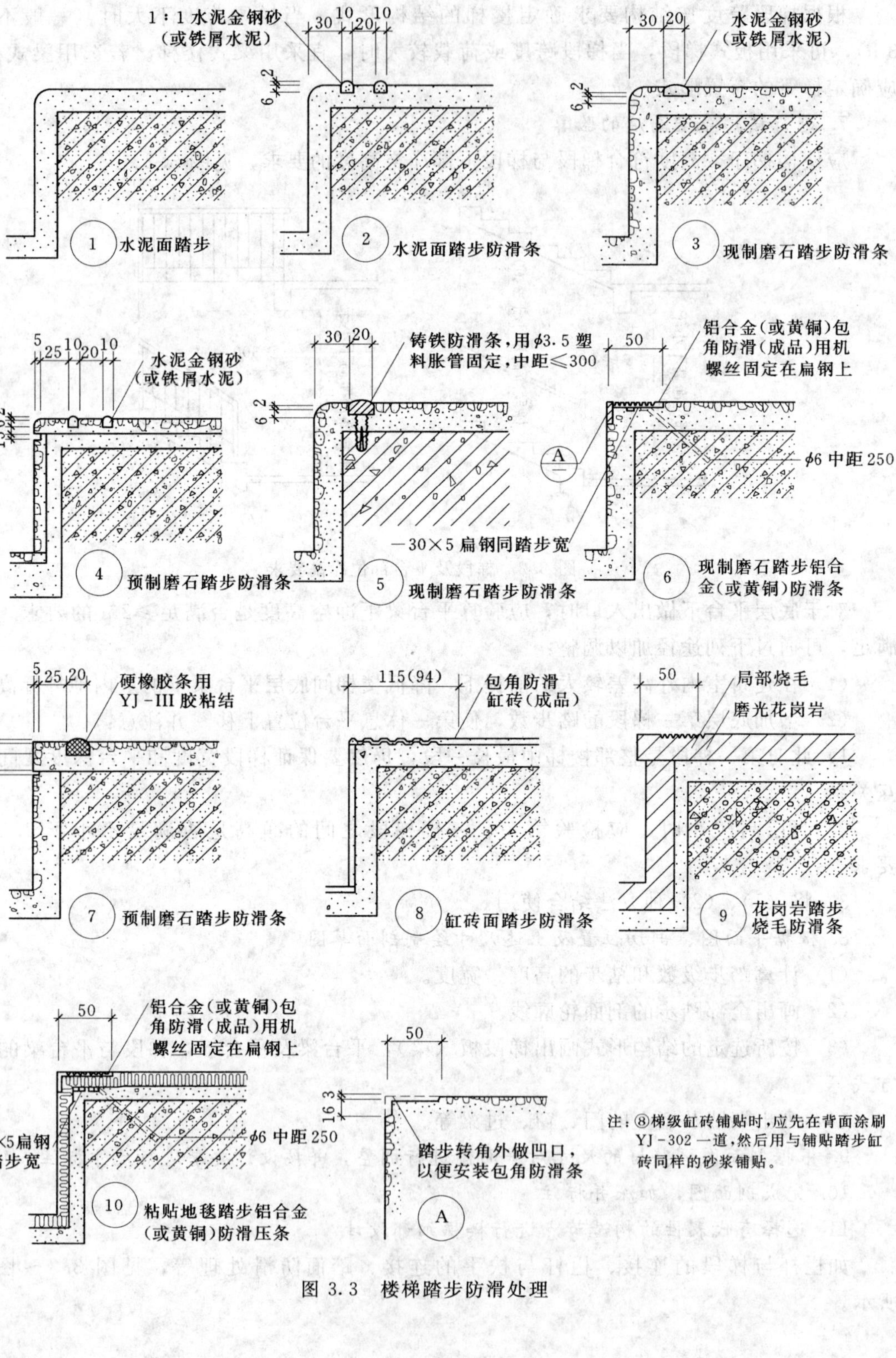

注：⑧梯级缸砖铺贴时，应先在背面涂刷YJ-302一道，然后用与铺贴踏步缸砖同样的砂浆铺贴。

图 3.3 楼梯踏步防滑处理

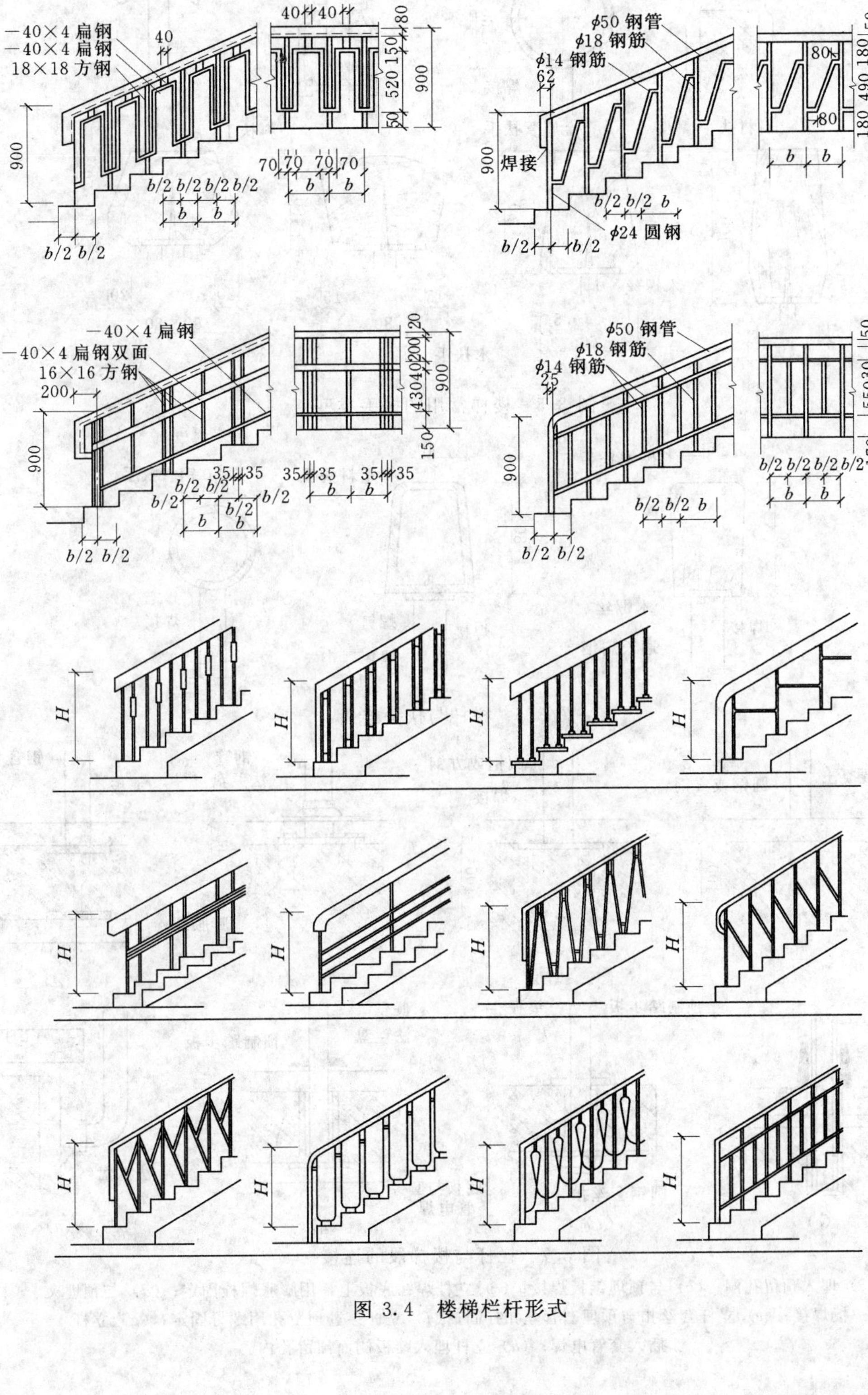

—40×4 扁钢
—40×4 扁钢
18×18 方钢
40
900
b/2 b/2 b/2 b/2
b b
b/2 b/2
40 40
80
150
520
50
900
70 70 70 70
b b
ϕ50 钢管
ϕ18 钢筋
ϕ14 钢筋
62
焊接
900
b/2 b/2 b
ϕ24 圆钢
b/2 b/2
50
180
490
180
80
80
900
b b
—40×4 扁钢
—40×4 扁钢双面
16×16 方钢
200
900
b/2 b/2 b/2
35 35
b b/2 b
b/2 b/2
20
200
40
430
150
900
35 35 35 35
b b
ϕ50 钢管
ϕ18 钢筋
ϕ14 钢筋
25
900
b/2 b/2 b
b/2 b/2
50
30
550
170
900
b/2 b/2 b/2 b/2
b b
H

图 3.4 楼梯栏杆形式

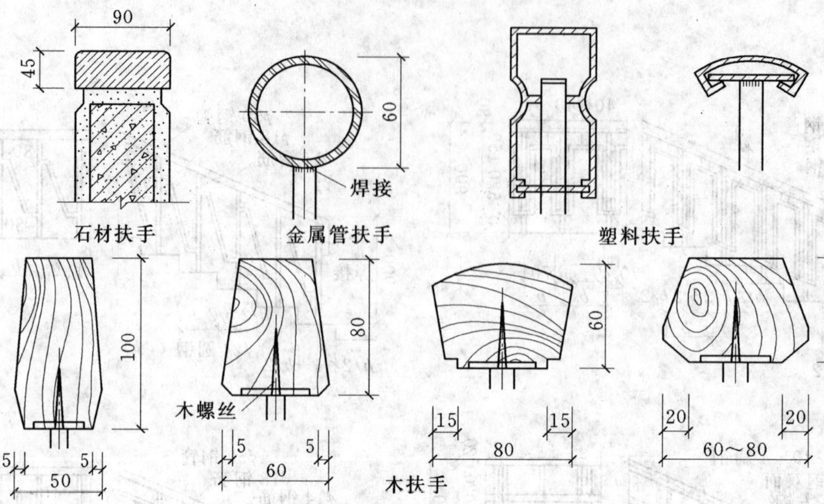

图 3.5　楼梯常用的扶手类型

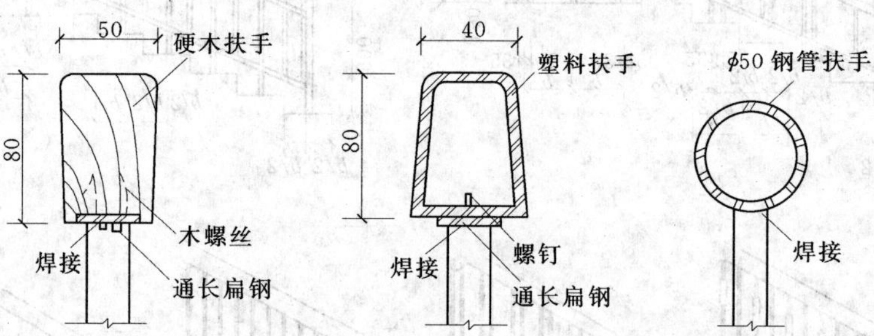

图 3.6　栏杆与扶手连接

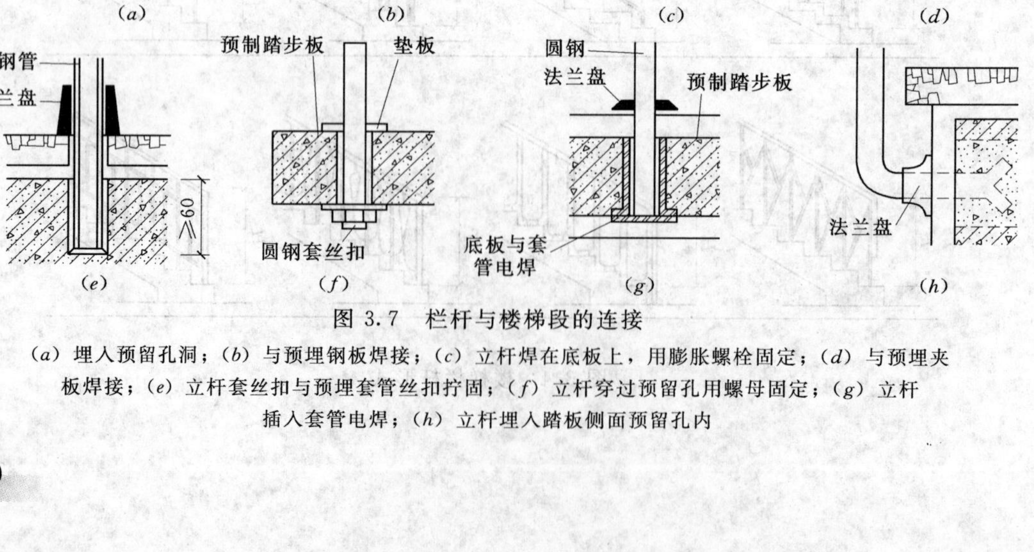

图 3.7　栏杆与楼梯段的连接

(*a*) 埋入预留孔洞；(*b*) 与预埋钢板焊接；(*c*) 立杆焊在底板上，用膨胀螺栓固定；(*d*) 与预埋夹板焊接；(*e*) 立杆套丝扣与预埋套管丝扣拧固；(*f*) 立杆穿过预留孔用螺母固定；(*g*) 立杆插入套管电焊；(*h*) 立杆埋入踏板侧面预留孔内

3.3 设 计 图 例

设计图例见图 3.8、图 3.9。

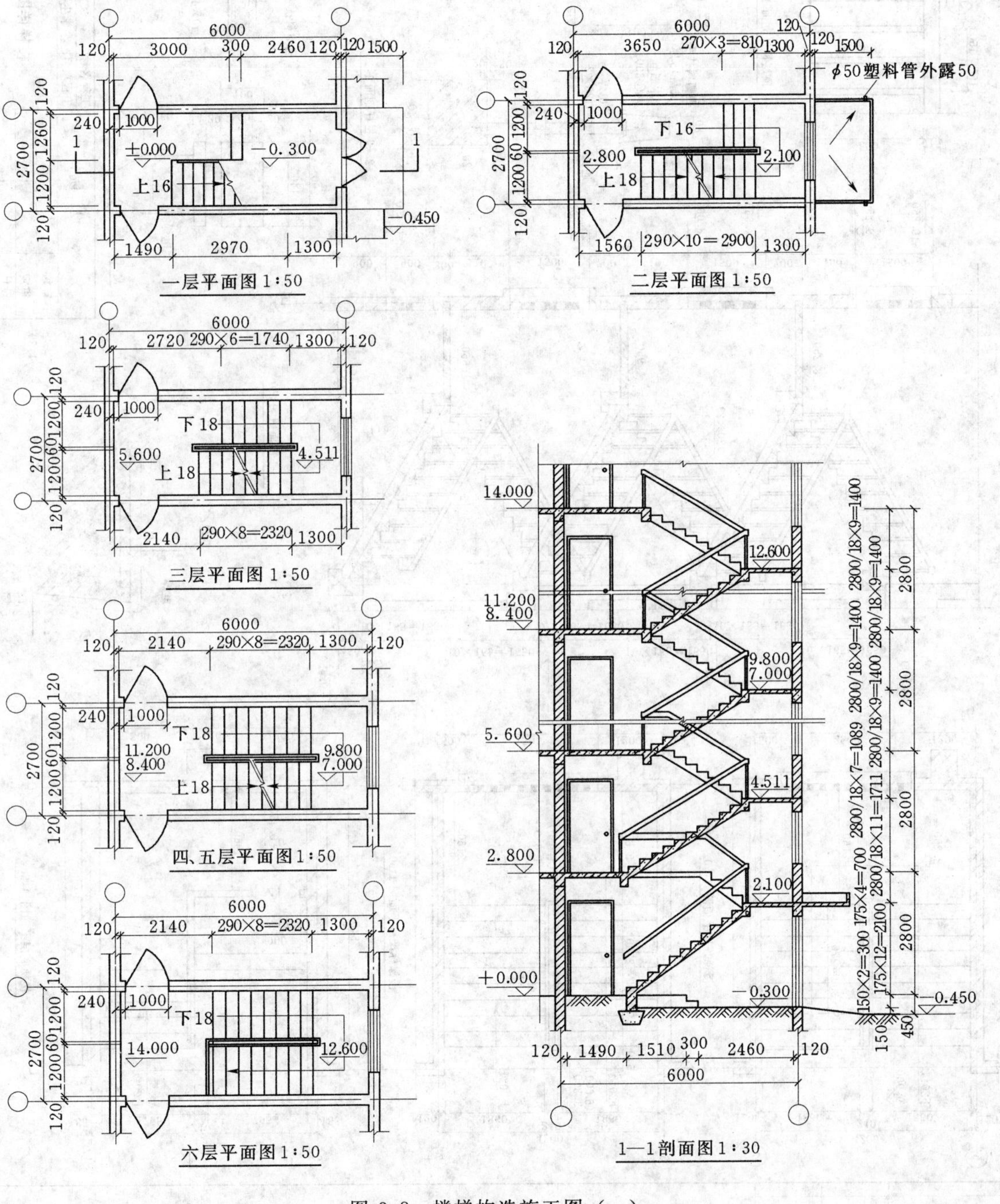

图 3.8 楼梯构造施工图（一）

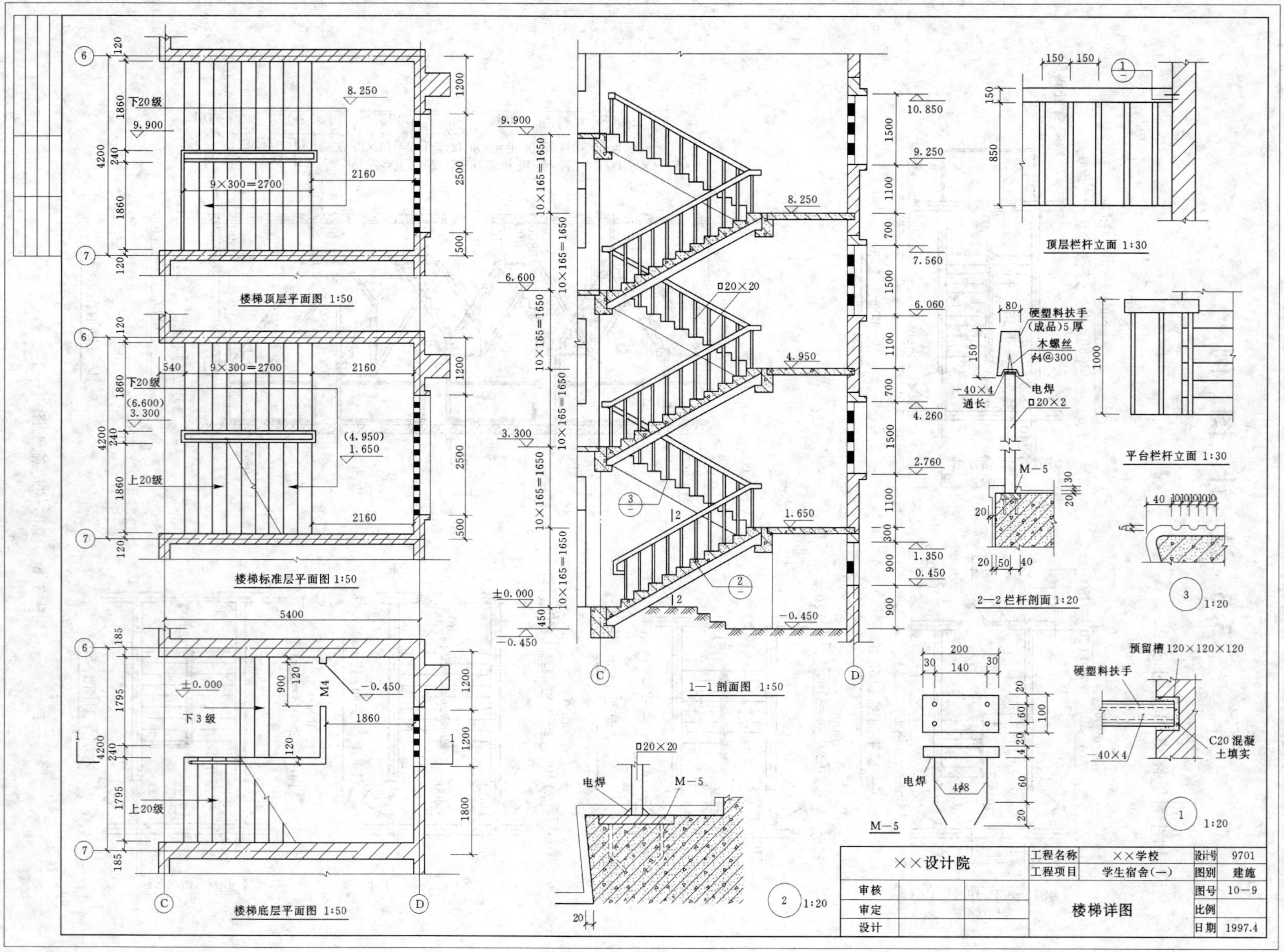
楼梯顶层平面图 1:50
楼梯标准层平面图 1:50
楼梯底层平面图 1:50
1—1 剖面图 1:50
顶层栏杆立面 1:30
平台栏杆立面 1:30
2—2 栏杆剖面 1:20
硬塑料扶手
(成品)5厚
木螺丝
ϕ4@300
电焊
−40×4
通长
预留槽 120×120×120
C20 混凝
土填实
M−5
××设计院
工程名称
××学校
工程项目
学生宿舍(一)
设计号
9701
图别
建施
图号
10—9
比例
日期
1997.4
审核
审定
设计
楼梯详图

图 3.9 楼梯构造施工图

第4章　屋面排水及节点设计

4.1　设 计 任 务 书

4.1.1　目的要求

通过屋顶构造设计使学生掌握平屋顶屋面排水系统的组织和排水做法；掌握屋面防水的构造要求和屋面保温、隔热的做法。训练绘制和识读施工图的能力。

4.1.2　设计题目：屋面排水及节点设计

4.1.3　设计条件

（1）某五层办公楼，底层地面标高为±0.000，室外标高为－0.600m，顶层地面标高为14.700m，屋面标高为19.500m。建筑顶层平面图如图4.1所示。

（2）采用钢筋混凝土框架结构，楼板均为现浇板。

（3）下部各层门窗及入口的洞口平面位置与顶层门窗洞口的平面位置相同。

（4）所有墙体厚度为240mm，定位轴线、墙体中线以及柱子中线相互重合。

（5）屋面防水层采用卷材防水，不上人屋面。

（6）办公楼所在地年降雨量为950mm，每小时最大降雨量为100mm。

4.1.4　设计内容和图纸要求

4.1.4.1　设计内容

（1）设计内容包括屋顶平面图和节点图。

（2）屋顶平面图，比例1∶100或1∶200。

（3）屋顶节点详图（2～3个）：比例1∶10或1∶20。

内容主要包括檐口节点详图、泛水节点详图和雨水口节点详图、上人孔节点详图等。

（4）本设计使用A2图纸，铅笔绘制，图中线条、材料符号等一律按建筑制图标准表示，要求字体工整，线条粗细分明，比例正确。

4.1.4.2　图纸要求

1. 屋顶平面图

（1）绘制出屋面构造的基本平面形状并用定位轴线明确表示出其平面位置。

（2）绘制出建筑的分水线、檐沟轮廓线、檐口边线或女儿墙的轮廓线，并标注其位置，绘制出雨水口的位置。

（3）标注出屋面各坡面的坡度方向和坡度值，标注屋面标高（结构上表面标高）。

（4）防水做法采用柔性防水屋面。

（5）尺寸标注要求如下：

第一道：细部尺寸线，标注出雨水口、分水线（包括檐沟分水线）和定位轴线相互之间的距离、屋顶最外侧轮廓线与外墙定位轴线的距离。

第二道：定位轴线尺寸线，标注出定位轴线相互之间的距离、外墙的定位轴线与屋顶

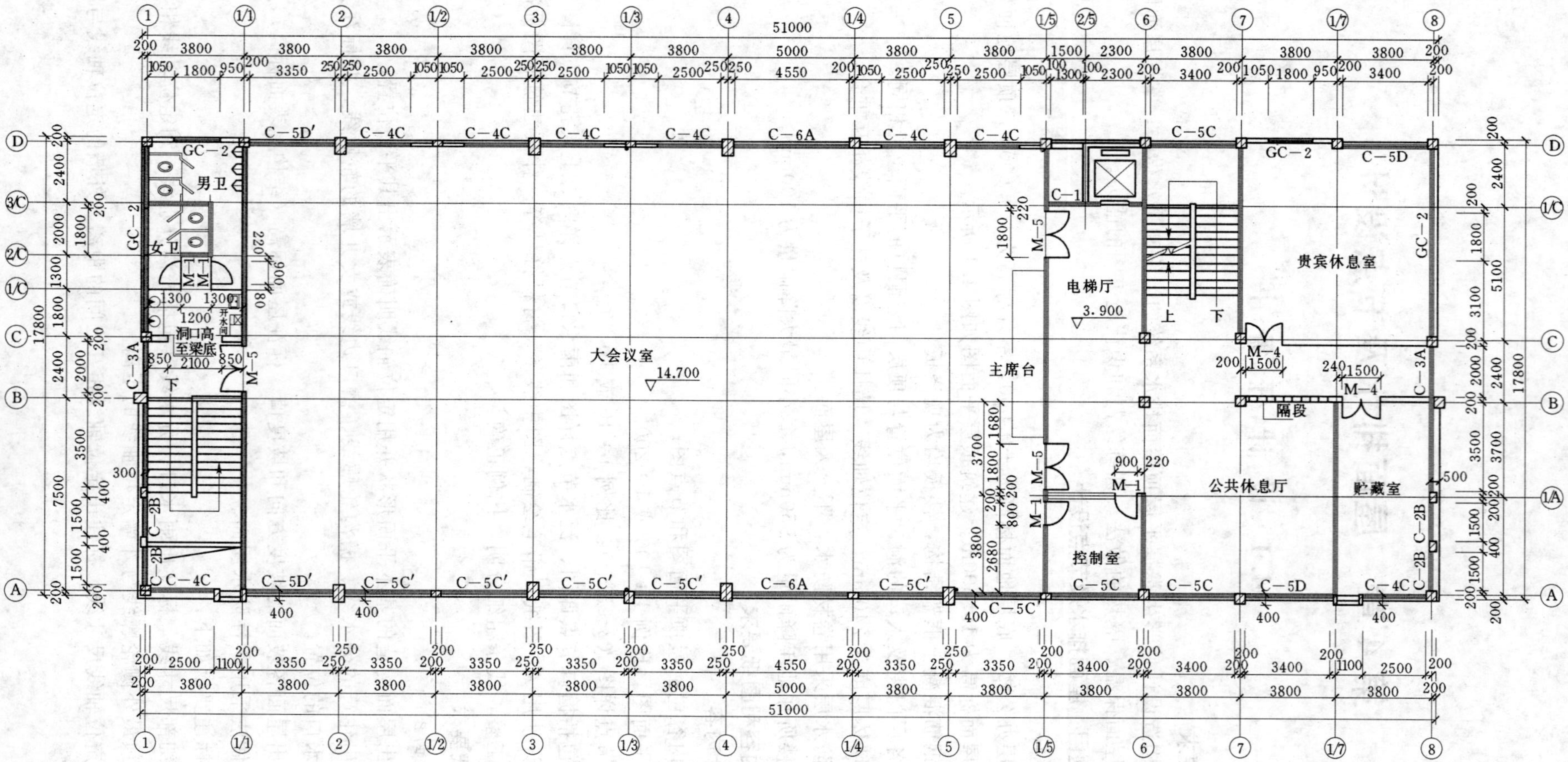

男卫
女卫
大会议室
14.700
主席台
电梯厅
3.900
控制室
公共休息厅
贵宾休息室
贮藏室
隔段
洞口高至梁底
开水间

图 4.1 顶层平面图

最外轮廓线的距离。

第三道：标注出屋顶最外轮廓线间的距离。

(6) 标注出详图索引号、定位轴线和编号，注写图名和比例。

2. 屋顶节点详图（2～3个）：比例1∶10或1∶20

(1) 檐口节点详图。

1) 当采用檐沟外排水时，表示清楚檐沟板的形式、屋顶各层构造、檐口处的防水处理，以及檐沟板与屋面板、墙、圈梁或梁的相互关系。

2) 标注檐沟尺寸，注明檐沟饰面层的做法和防水层的收头构造做法。

3) 当采用女儿墙外排水或内排水时，表示清楚女儿墙压顶构造、泛水构造、屋顶各层构造，标注出女儿墙的高度、泛水高度等尺寸。

(2) 泛水节点详图。

1) 画出竖直墙体与屋面相接处的连接构造，表示清楚屋面各层构造和泛水构造。

2) 注明构造作法，标注泛水高度等有关尺寸。

(3) 雨水口节点详图。

1) 表示清楚雨水口的形式、雨水口处的防水处理。

2) 注明细部做法，标注雨水口等有关尺寸。

(4) 详图用断面图形式表示。与详图无关的其他部分用折段线断开，标注详图符号和比例。

4.2 设计方法和步骤

4.2.1 屋顶平面设计

4.2.1.1 确定屋面坡度的形成方式和坡度大小

1. 屋面坡度形成的办法有材料找坡和结构找坡两种

材料找坡可保证室内顶面的平整，但是由于材料找坡是由材料垫置形成的，当找坡距离比较长时，材料用量较大，屋面荷载增加较大。而结构找坡则是由结构层斜向搁置形成的，对屋面荷载影响不大，但室内顶面不平整。规范规定：当屋面跨度大于18m时应采用结构找坡来满足排水坡度的要求。在民用建筑中，由于跨度一般都不大，除坡屋面和一些室内使用要求不高的建筑外，一般采用材料找坡。

屋面找坡可以做四坡排水或者双坡排水（如图4.2和图4.3所示）。做四坡排水时，

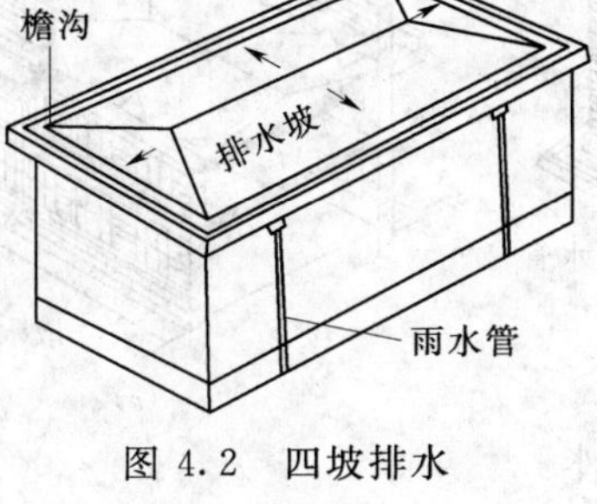

图4.2 四坡排水

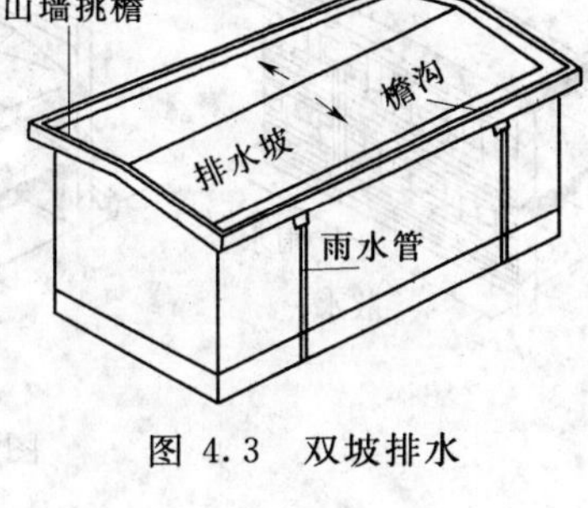

图4.3 双坡排水

沿屋顶四周做檐沟，将屋面雨水汇集，经雨水口和雨水管排走。做双坡排水时，在屋顶纵向两侧做檐沟将屋面雨水汇集，或者在屋面与女儿墙相交处做纵坡坡向雨水口，雨水经雨水口和雨水管排走，为了防止雨水沿山墙溢出和各个建筑立面效果的统一，在山墙处也要设女儿墙或者设挑檐。当屋面跨度不大时，也可沿短跨方向单坡排水。

2. 屋面的排水坡度的大小与防水材料类型、年降雨量大小和其他使用要求有关

防水材料尺寸小，接缝必然较多，因而屋面应有较大的排水坡度，以便将屋面积水迅速排除；而屋面防水材料尺寸大，屋面接缝少而且严密，使防水层形成一个封闭的整体，屋面坡度就可以小一些。年降雨量大，屋面渗漏的可能性大，屋面坡度就应适当加大。此外，屋面是否上人、是否蓄水等也是影响坡度大小的因素。一般而言，当平屋面采用结构找坡时，坡度宜为 3%；当平屋面采用材料找坡时，坡度宜为 2%。

4.2.1.2　确定排水方式，划分排水区域

1. 确定排水方式

屋面排水方式分为有组织排水和无组织排水两类。在年降雨量小于或等于 900mm 的地区，檐口高度大于 10m 时，或年降雨量大于 900mm 的地区，当檐口高度大于 8m 时，应采用有组织排水。在年降雨量小于或等于 900mm 的地区，檐口高度不大于 10m 时，或年降雨量大于 900mm 的地区，当檐口高度不大于 8m 时，可采用无组织排水。有组织排水广泛应用于多层及高层建筑、高标准底层建筑、临街建筑及严寒地区的建筑。

有组织排水通常有外排水及内排水之分。内排水多用于多跨房屋、高层建筑以及有特殊需要的建筑。其他建筑宜优先考虑采用外排水方式。

外排水方式通常有檐沟外排水和女儿墙外排水两种方案，也可采用女儿墙挑檐沟外排水。檐沟外排水是使屋面雨水直接流入挑檐沟内，沿沟内纵坡流入雨水口，再流入雨水管。檐沟外排水是一种常用的排水方案，其排水通畅，但施工较为麻烦。女儿墙外排水是将女儿墙与屋面交接处做出 1%的纵坡，雨水沿此纵坡流向雨水口，再流入水落管。女儿墙外排水也是一种常用的排水方案，施工较为简便，经济性较好，建筑体形简洁，但排水不畅、易渗漏。见图 4.4。

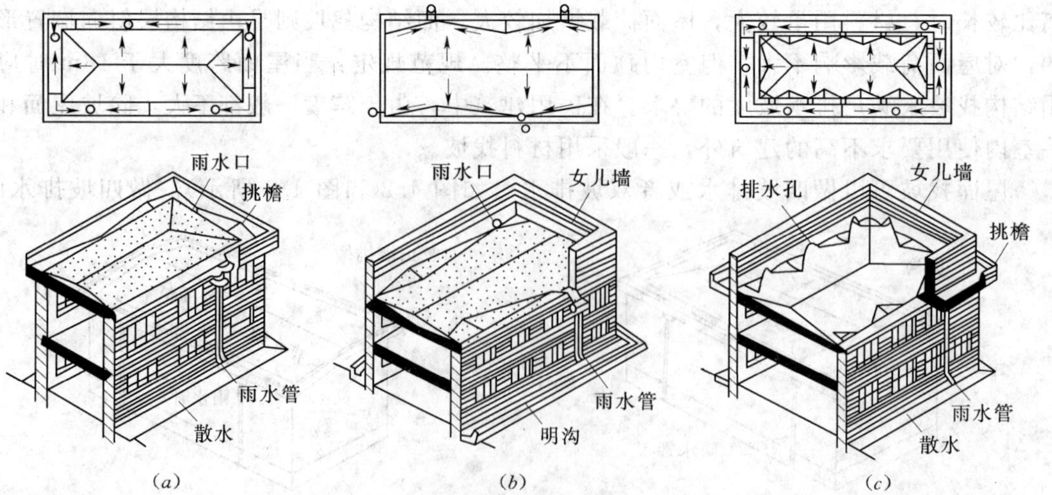

图 4.4　有组织外排水

2. 划分排水区域，确定雨水管的间距

排水区域划分应尽可能规整，面积大小应相当，以保证每个雨水管排水面积负荷相当。在划分排水区域时，每块区域的面积宜小于 200m²，以保证屋面排水通畅，防止屋面雨水积蓄。

划分排水区域时，要考虑到雨水口设置位置。雨水口设置位置不得穿越门窗洞口和入口的垂直上方位置，一般设置在窗间墙部位。

可采用经验公式：

$$F=438D^2/H \quad (4-1)$$

式中 F——容许集水面积，m^2；

D——雨水管径，mm；

H——每小时降雨量，mm/h。

雨水口间距一般在 18～24m 之间。表 4.1 中列出了一根水落管最大汇水面积、小时降雨量与管径的关系。

4.2.1.3 确定檐沟的形式、尺寸以及纵向排水坡度

(1) 檐沟的形式。

檐沟一般采用出墙面的外挑形式，在确定断面形状时要考虑到檐沟对立面效果的影响。同时由于是悬挑构件，设计时须防止倾覆，常采用现浇形式。

(2) 檐沟的尺寸。

檐沟外壁高度一般在 200～300mm，分水线处最小深度不小于 120mm，由于檐沟对建筑立面效果影响较大，也可根据设计要求适当加高。檐沟净宽不小于 200mm，悬挑出墙体部分的长度一般可取 400～600mm。檐沟设计尺寸示意图见图 4.5。

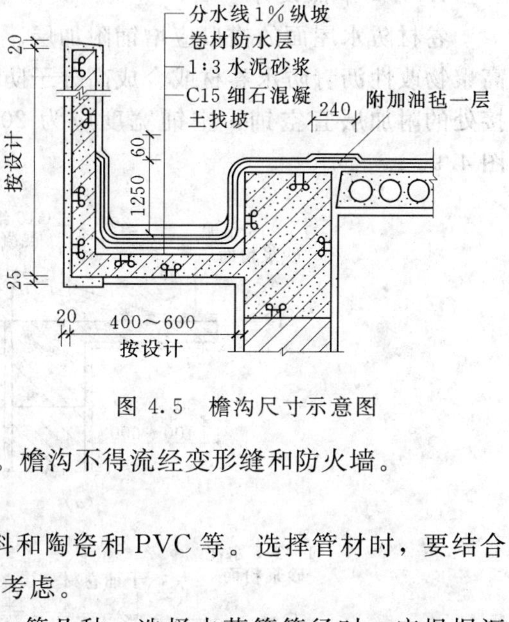

图 4.5 檐沟尺寸示意图

(3) 檐沟的纵向排水坡度。

檐沟纵向坡度与面层材料有关：卷材面层纵坡应不小于 1%；混凝土面层应不小于 0.3%；砂浆或块料面层应不小于 0.5%。用石灰炉渣等轻质材料垫置起坡。沟底水落差不得超过 200mm。檐沟不得流经变形缝和防火墙。

(4) 确定雨水管。

1) 雨水管管材通常有铸铁、镀锌铁皮、塑料和陶瓷和 PVC 等。选择管材时，要结合当地材料供应情况和通常做法以及经济效果综合考虑。

2) 雨水管的管径有 75mm、100mm、125mm 等几种。选择水落管管径时，应根据汇水面积确定，一根雨水管最大汇水面积宜小于 200m²。表 4.1 中列出了一根水落管最大汇水面积、小时降雨量与管径的关系。一般常选用 100mm 管径的雨水管。

表 4.1 雨水管最大汇水面积

小时降雨量 (mm)	50		100		200	
管径 (mm)	75	100	75	100	75	100
汇水面积 (m^2)	684	1116	342	558	171	279

3）雨水管设置时距离墙面应不小于 20mm，应用管箍与墙面固定。接头的承插长度应不小于 40mm。水落管经过的带形线脚、檐口线等墙面突出部分处宜用直管，并应预留缺口或孔洞。当必须采用弯管绕过时，弯管的接合角应为钝角。

（5）确定屋面防水方案。

根据屋面防水要求、当地气候条件等因素，确定屋面防水方案，并选择防水材料。若为刚性防水屋面，应设置分格缝（又称分仓缝），并根据屋面宽度和结构布置确定分格缝的间距和位置，横向和纵向分格缝的间距一般不超过 6m。

（6）确定突出屋面部分的位置和尺寸。

4.2.2　屋顶节点设计

对于屋面的细部构造，主要是做好以下几个方面：

一头：指卷材收头——可采取钉、压、嵌固、覆盖等方法。

二缝：指各种变形缝，人工缝——应采用 V 形或 Ω 形毡，并至少加铺一层防水层。

三口：指雨水口，落水口等——应加两层玻璃纤维布。

四角：指垂直构造处——采用泛水构造。

1. 檐口节点设计

卷材防水屋面的檐口应增铺附加层。当采用沥青防水卷材时应增设一层卷材；当采用高聚物改性沥青防水卷材或合成高分子防水卷材时宜采用防水涂膜增强层。檐口与屋面交接处的附加层宜空铺，空铺宽度应为 200mm，檐沟卷材收头应固定密封。见图 4.6～图 4.9。

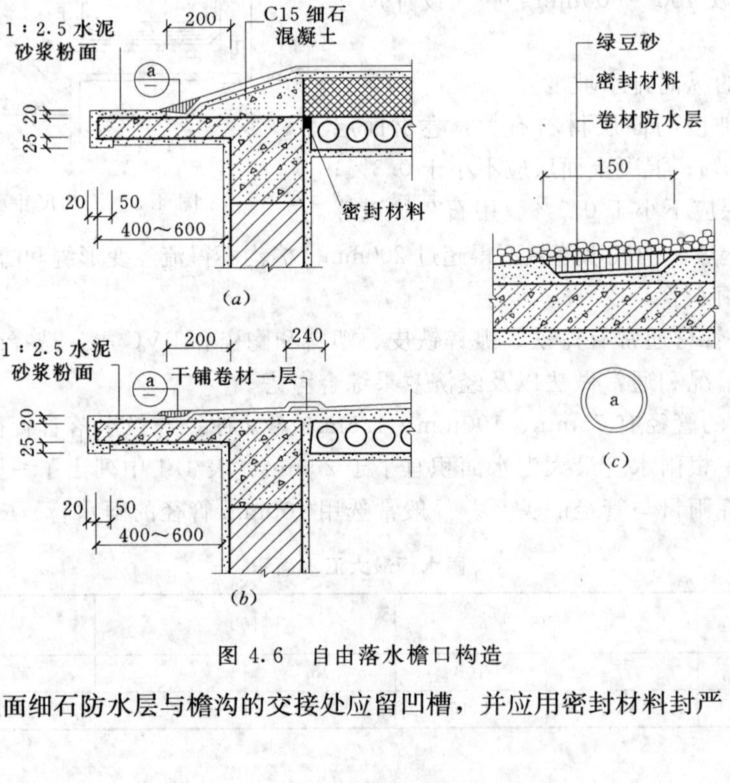

图 4.6　自由落水檐口构造

刚性防水屋面细石防水层与檐沟的交接处应留凹槽，并应用密封材料封严（图 4.10）。

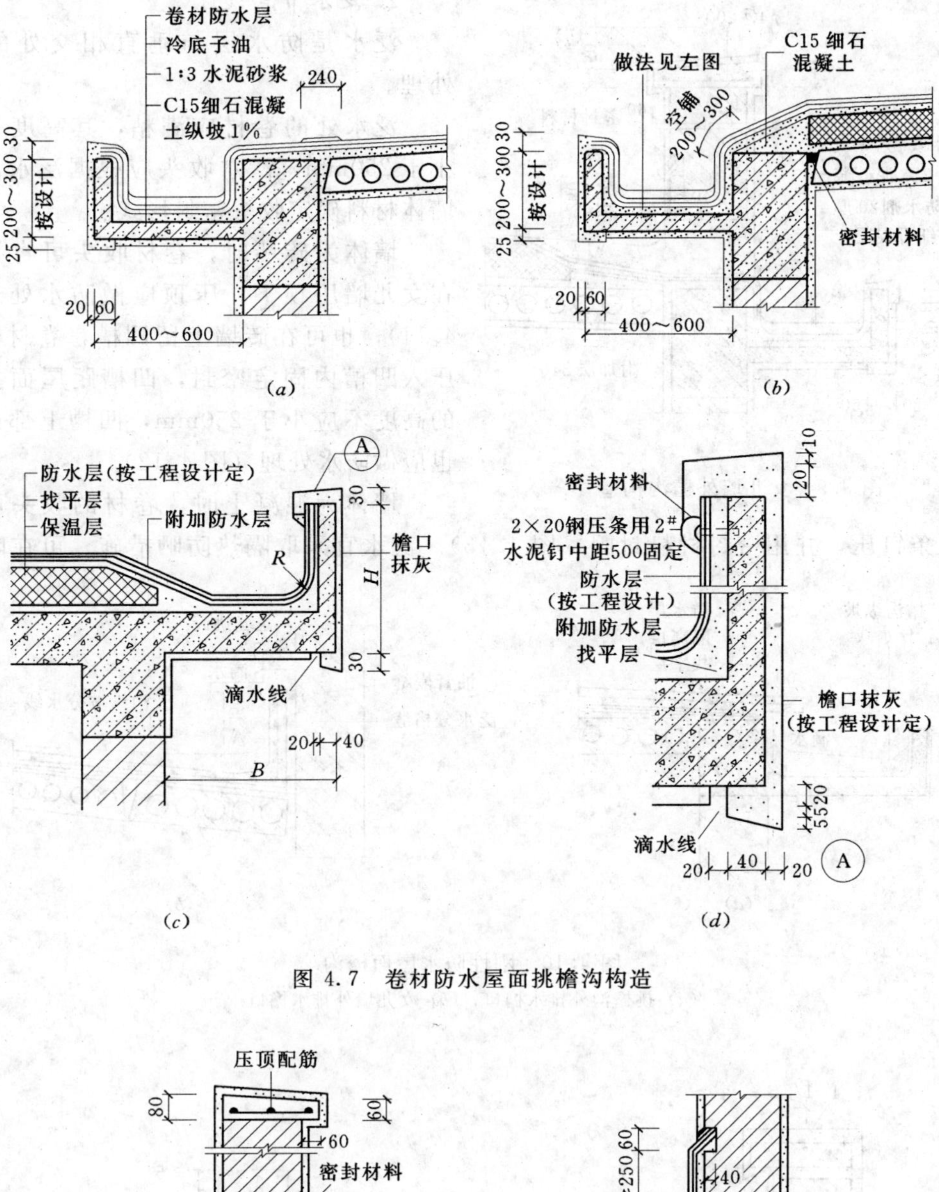

图 4.7 卷材防水屋面挑檐沟构造

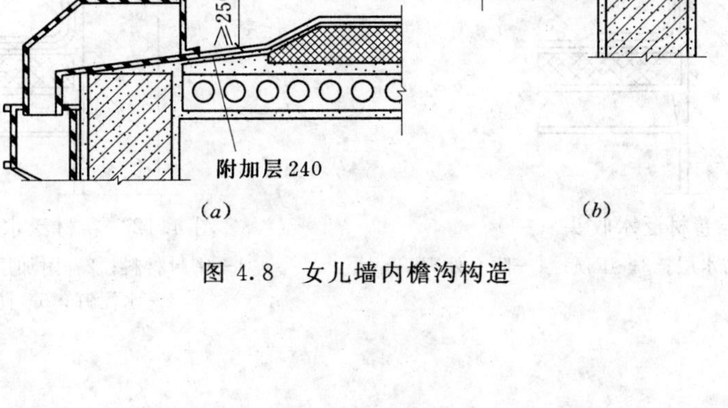

图 4.8 女儿墙内檐沟构造

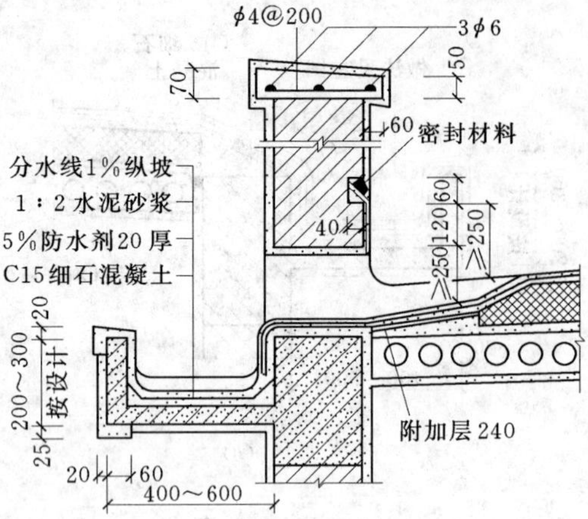

图 4.9　女儿墙外檐沟构造

2. 泛水节点设计

泛水是防水层与垂直相交处的构造处理。

泛水处的卷材应满粘，其高度一般不小于 250mm，泛水收头应根据泛水高度和墙体材料确定收头密封形式。

墙体为砖墙时，卷材收头可直接铺压在女儿墙压顶下，压顶应做防水处理（图 4.11）；也可在砖墙上留凹槽，卷材收头应压入凹槽内固定密封，凹槽距屋面找平层的高度不应小于 250mm，凹槽上部的墙体也应做防水处理（图 4.12）。

墙体为混凝土时，卷材的收头可采用金属压条钉压，并用密封材料封固（图 4.13）。泛水宜采取隔热防晒措施，可在防水卷

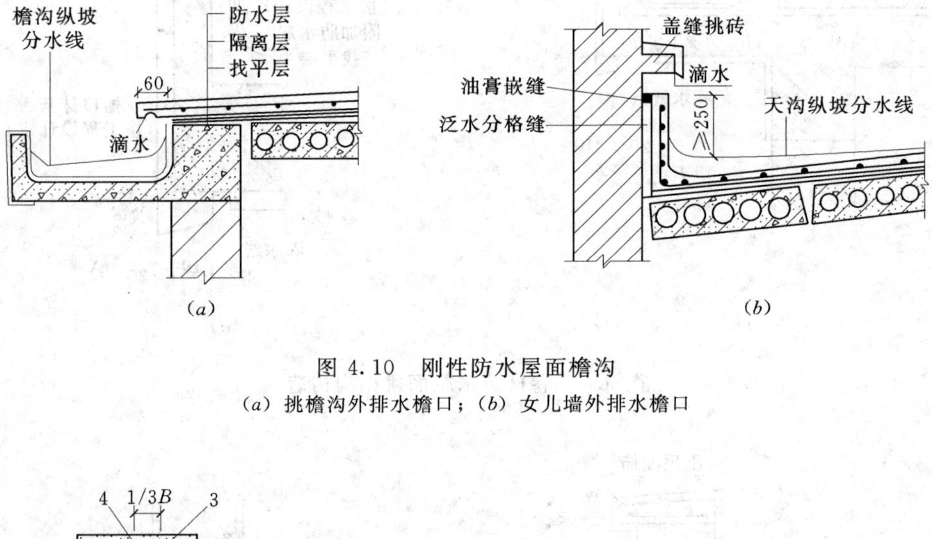

图 4.10　刚性防水屋面檐沟

(a) 挑檐沟外排水檐口；(b) 女儿墙外排水檐口

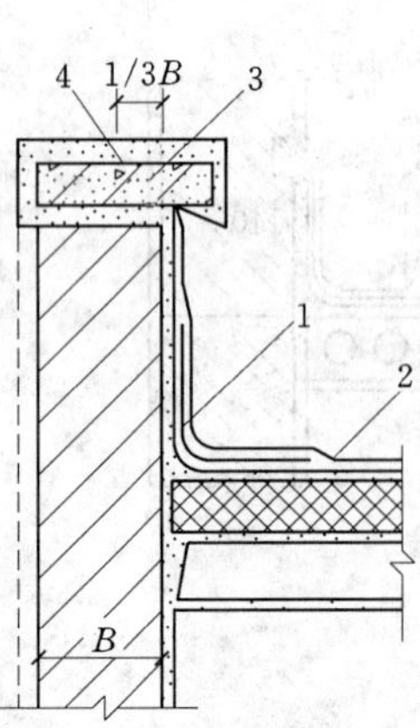

图 4.11　卷材泛水收头（一）

1—附加层；2—防水层；3—压顶；4—防水处理

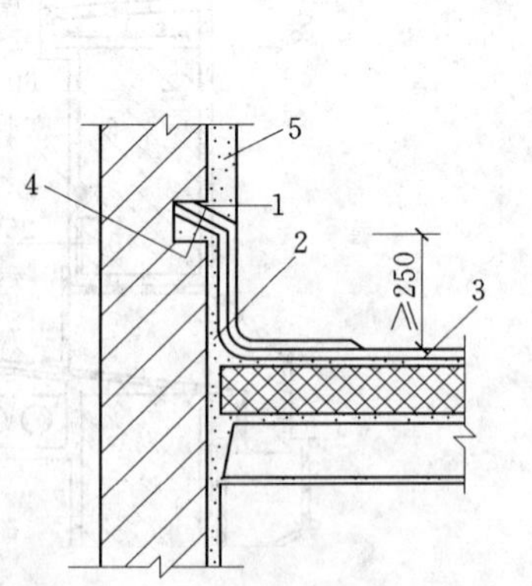

图 4.12　卷材泛水收头（二）

1—密封材料；2—附加层；3—防水层；4—水泥钉；5—防水处理

材面砌砖后抹水泥砂浆或浇细石混凝土保护，也可采用涂刷浅色涂料或粘贴铝箔保护层。

刚性防水屋面防水层与山墙、女儿墙交接处应留宽度为30mm的缝隙，并应用密封材料嵌填；泛水处应铺设卷材或涂膜附加层（图4.14）。

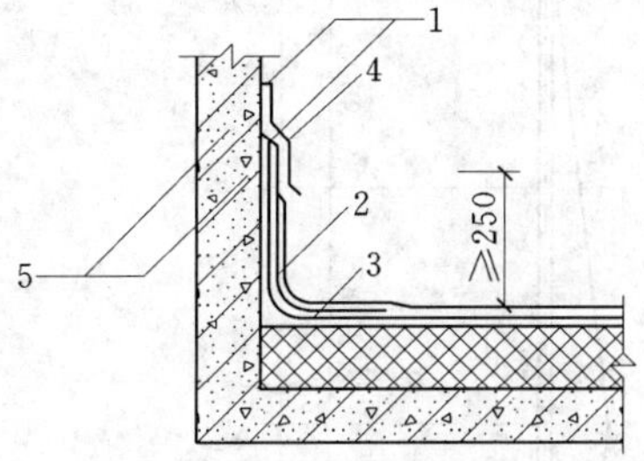

图4.13 卷材泛水收头

1—密封材料；2—附加层；3—防水层；4—金属、合成高分子盖板；5—水泥钉

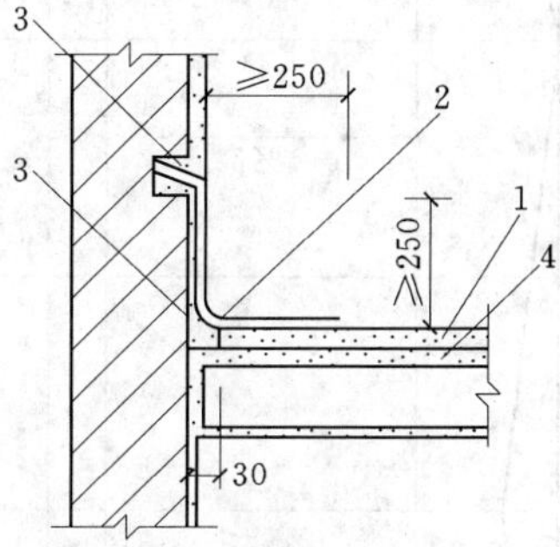

图4.14 刚性防水屋面泛水收头

1—刚性防水层；2—防水卷材或涂膜；3—密封材料；4—隔离层

3. 雨水口节点设计

雨水口杯宜采用铸铁或塑料、PVC制品。雨水口杯埋设标高应考虑雨水口设防时增加的附加层和柔性密封层的厚度及排水坡度加大的尺寸。雨水口周围直径500mm范围内坡度不应小于5%，并应用防水涂料或密封材料涂封，其厚度不小于2mm。雨水口杯与基层接触处应留宽20mm、深20mm凹槽，并用密封材料嵌填。见图4.15。

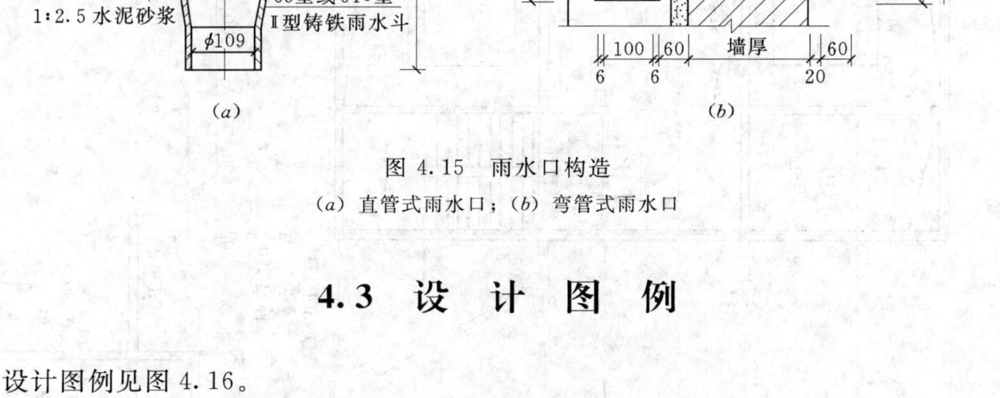

图4.15 雨水口构造

(a) 直管式雨水口；(b) 弯管式雨水口

4.3 设 计 图 例

设计图例见图4.16。

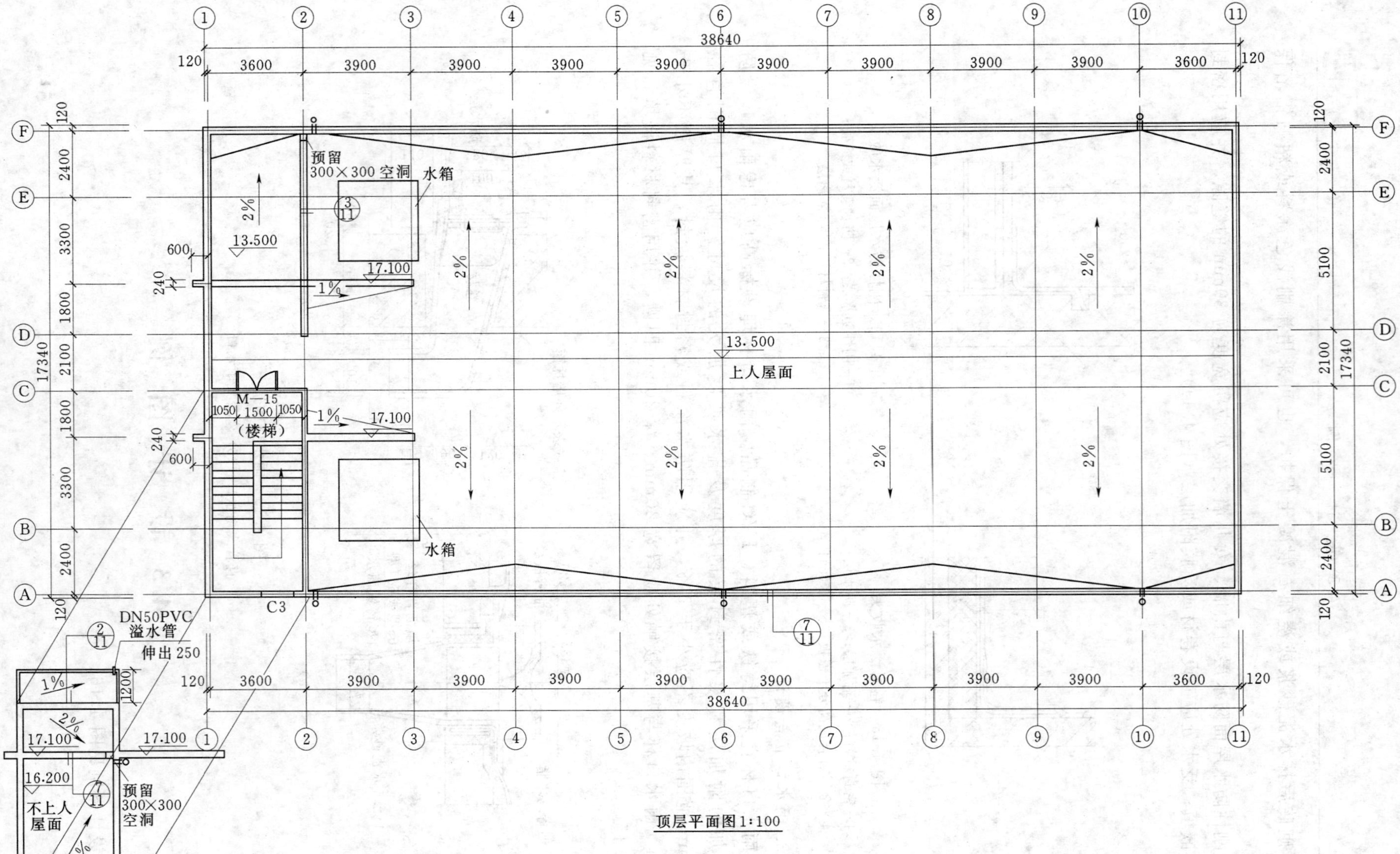

图 4.16 某建筑屋顶平面图

第 5 章　单层工业厂房平面及剖面设计

5.1　设 计 任 务 书

5.1.1　目的要求

通过单层厂房的平面及剖面设计课题的技能练习，巩固课堂教学，深入领会单层厂房平面及剖面设计的特点；熟悉单层工业厂房的结构形式及其构造要点，训练绘制和识读施工图的能力。

5.1.2　设计条件："单层 18m＋18m 双跨等高冷加工车间"

（1）厂房平面尺寸为 36m×78m，平面简图如图 5.1 所示。

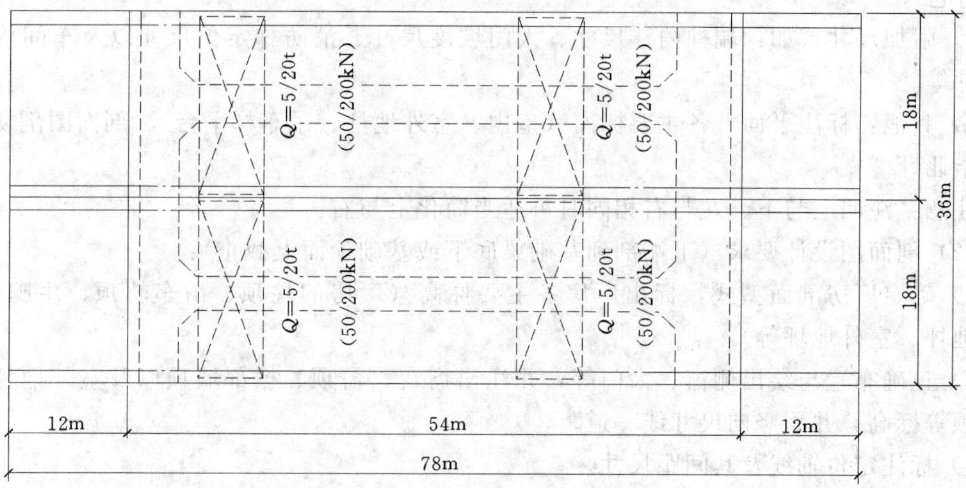

图 5.1　冷加工车间平面简图

（2）厂房高度要求：柱顶标高 11.7m，轨顶标高 8.4m。

（3）车间内机床与工作台布置无特殊要求。

（4）建筑地区条件：

1）该厂位于南方某市郊主干道旁，厂区总平面布置及新建车间位置见图 5.2。

2）自然条件：厂区地势平坦，地质条件良好，地下水位深。

3）建材供应及施工技术条件均较好。

5.1.3　设计内容和图纸要求

1. 设计内容

用铅笔绘制一张 2 号图（594mm×420mm）。

其中：厂房平面图 1∶200；厂房剖面图 1∶100。

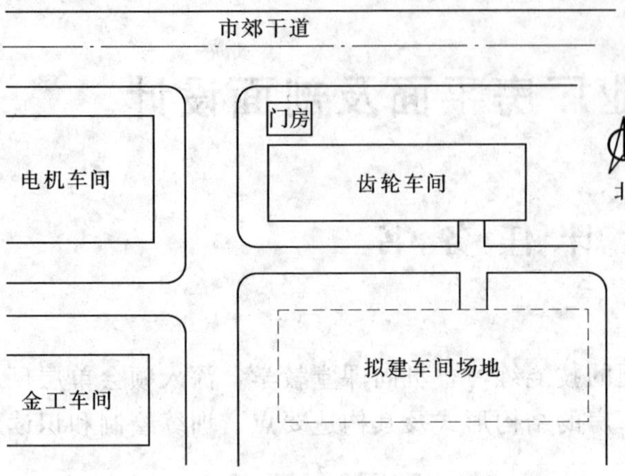

图 5.2　场地总平面图

2. 图纸要求

(1) 平面图设计要求：

1) 根据平面草图确定厂房正式平面图，并注明各工段布置。

2) 确定厂房柱距、跨度、定位轴线及其编号。

3) 布置门、窗、通道，确定其宽度，根据门的开启方式及尺寸大小进行门的编号，窗的编号要求与门相同。

4) 绘出吊车，注明型式、起重量“Q”及吊车跨度“L_k”。

5) 布置吊车电梯、消防检修梯。

6) 室外三道尺寸线（注意最外线为总外包尺寸）。

7) 附加尺寸，如：端柱内移尺寸、大门坡度尺寸、消防梯定位尺寸以及车间内部通道尺寸等。

8) 其他：标注平面上各主要标高（室内、室外地坪、吊车梯平台）、剖面图剖切符号以及指北针。

注意：注明上与下、左与右相同时可适当简化上与右。

(2) 剖面图设计要求（下端剖到基础梁底下或基础顶面上截止）：

1) 确定厂房剖面型式，标出厂房各主要标高（厂房的柱顶、吊车轨顶、牛腿顶面、室内地坪、室外地坪等）。

2) 正确布置与绘出侧窗、大门等，并注出窗台、窗顶、檐部墙顶以及室外地坪和大门洞顶等标高，并划竖向尺寸线一道。

3) 标注定位轴线及其间距尺寸。

4) 选定排水方式，注明屋面坡值。

5) 用文字注明屋顶、地面各组成层次的用料及作用。

6) 绘出室外散水或明沟，出入口处坡道或台阶。

7) 正确绘出基础梁、过梁、圈梁、连系梁（承墙梁）等构件（一般对结构构件不标注其断面尺寸）。

8) 绘出吊车轮廓线，注明型式，起重量“Q”及吊车跨度“L_k”和台数。

5.2 设计方法和步骤

5.2.1 分析研究设计任务书，明确设计目的与要求

认真分析研究设计任务书，根据其工艺要求与地区条件，并结合相关资料，确定厂房的柱网尺寸、结构形式、内部布局、采光通风方式、体型与立面处理，同时对于选用什么

样的建筑材料、构造方式都要有一个初步设想。另外，课程设计不可能像做施工图一样，将一栋厂房面面俱到地表达出来，而只能有选择性地表达一部分内容（课程设计的深度基本介于初步设计阶段与施工图阶段之间）。这就要求学生深入了解和熟悉设计内容、各图的具体要求等。这对初学者是一个很好的实践。通过本次设计，学生应能了解厂房建筑设计的特点与制图的规定，进而能掌握其技法，熟悉《厂房建筑模数协调标准》。

5.2.2 熟悉给定的设计例题及设计参考资料，参观已建成的单层厂房

5.2.3 绘制厂房平面图（比例1∶200）

（1）根据工艺图及《厂房建筑模数协调标准》确定厂房柱距、跨度及定位轴线与编号。

1）柱网确定：柱网即柱距与跨度，其尺寸在满足工艺要求及结构经济性的条件下应符合模数制要求，还应适应今后发展与通用性的需要。柱距有6m、12m及内12m（即边柱6m、中柱12m柱距）三种，其中6m柱距为我国基本柱距，目前应用较多。跨度一般有9m、12m、15m、18m、24m、30m、36m，跨度18m以内采用30M数列，18m以上采用60M数列，山墙抗风柱间距则采用15M数列，即3m、4.5m、6m、7.5m。

2）划分定位轴线及编号：根据《厂房建筑模数协调标准》确定其纵横定位轴线与墙柱的联系，并进行定位轴线的编号与标注。其中要注意端部柱中心线应从横向的定位轴线向内移600mm；纵向定位轴线与柱的关系应根据吊车吨位确定是“封闭结合”还是“非封闭结合”来标定；横向伸缩缝处应采用双柱、两条定位轴线，伸缩缝两边的柱中心线应分别自定位轴线向内移600mm。

3）变形缝的设置：厂房长宽超过限值（排架结构超过70m），应设温度伸缩缝；厂房纵横跨度结合处因两侧荷载与吊车运行方向不一样，应设沉降缝；厂房与毗连式生活间因高差及结构差异也应设沉降缝；对于抗震设防烈度7度以上的地震区，当厂房相邻两部分侧向刚度或高度相差很大时，需设抗震缝。需设抗震缝的厂房，其全部变形缝都应符合抗震缝的要求。

（2）根据吊车起重量及轨顶高度，确定厂房柱的截面形式和尺寸。在所选定结构形式的基础上根据吊车起重量、轨顶高度及特殊的要求，并通过技术经济比较，选定柱的截面与尺寸（见表5.1）。

（3）布置门、窗、通道，确定其宽度及门窗编号。

1）大门：大门的位置、除考虑原材料与成品运输及疏散外，还须考虑与其他车间和生活间的联系路线短捷方便。大门洞口尺寸及门扇开启方式应根据车间运输工具的类型和规格选定。当门洞宽度大于3m时应设钢筋混凝土门框。门洞的尺寸一般可参照表5.2选。

2）侧窗设计：侧窗尺寸应根据采光面积估算，如侧窗采光不够可考虑设天窗，还应考虑到光线的均匀性并兼顾到通风与立面要求，另外选用窗洞的尺寸时，除应符合模数外，还应考虑标准组合窗的高、宽限值要求。按规定，木窗横向拼框时，窗洞不宜高于3600mm；竖向拼框时，窗洞高度不宜大于4800mm，且只能单方向拼框。

3）室内通道设计：通道的设置要结合工段的划分，且与大门相通，不能切断生产线，要利于生产和厂房面积的充分利用；通道宽度根据运输工具选定，其宽度确定原则与门洞宽确定方式一样。

表 5.1 6m 柱距厂房钢筋混凝土柱的截面尺寸选用表

吊车起重量(t)	轨顶标高(m)	柱截面简图	边柱			边柱		
			上柱		下柱	上柱		下柱
			无吊车走道	有吊车走道		无吊车走道	有吊车走道	
5	6～8.4	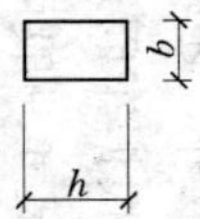 矩形	矩 400×400	矩 400×400	$(b\times h)$矩 400×600	矩 400×400		$(h\times b)$矩 400×600
10	8.4		矩 400×400	矩 400×400	$(b_f\times h\times h_f\times b)$ 1400×800×150×100	矩 400×600	矩 400×800	$(b_f\times h\times h_f\times b)$ 1400×800×150×100
	10.2		矩 400×400	矩 400×400	1400×800×150×100	矩 400×600	矩 400×800	1400×800×150×100
	12		矩 500×400	矩 500×400	1500×1000×150×120	矩 500×600	矩 500×800	1500×1000×150×120
15～20	8.4	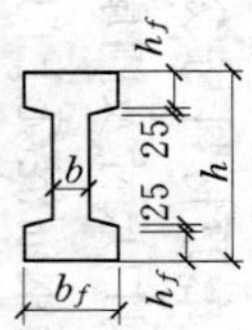 I形	矩 400×400	矩 400×400	1400×800×150×100	矩 400×600	矩 400×800	1400×800×150×100
	10.2		矩 400×400	矩 400×400	1400×1000×150×100	矩 400×600	矩 400×800	1400×1000×150×100
	12		矩 500×400	矩 500×400	1500×1000×150×120	矩 500×600	矩 500×800	1500×1000×150×120
30	10.2		矩 500×500	矩 500×800	1500×1200×150×120	矩 500×600	矩 500×800	1500×1200×150×120
	12		矩 500×500	矩 500×800	1500×1200×200×120	矩 500×600	矩 500×800	1500×1200×200×120
	14.4	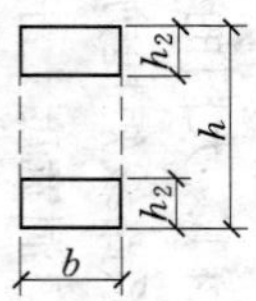 矩形	矩 600×600	矩 600×800	1600×1200×200×120	矩 600×600	矩 600×800	1600×1400×200×120
50	10.2		矩 500×600	矩 500×800	1500×1200×200×120	矩 500×600	矩 500×800	双 500×1600×300
	12		矩 500×600	矩 500×800	1500×1200×200×120	矩 500×600	矩 500×800	双 500×1600×300
	14.4		矩 600×600	矩 600×800	1600×1400×200×120	矩 600×600	矩 600×800	双 600×1600×300

表 5.2　　门 洞 尺 寸

通行要求	单人	双人	手推车	电瓶车	轻型卡车	中型卡车	中型卡车	汽车起重机
洞口宽	900	1500	1800	2100	3000	3300	3600	3900
洞口高	2100	2100	2100	2400	2700	3000	3900	4200

4）吊车梯、消防梯及屋面检修梯，车间隔断布置：吊车梯宜设在厂房端部第二个柱距内，一般每台吊车设一吊车梯。如为多跨厂房时，可设在中间柱处以供相邻两跨吊车共用。

屋顶高度大于10m时，应设消防梯及检修梯，沿厂房周边每200m长度内设一个，一般沿外墙设置，以不妨碍门窗设置与开启且便于固定为宜，同时要避免火灾时受室内火势的影响，因而多设在两端山墙处。车间内部隔断根据生产及使用要求设置。

（4）按制图要求完成平面图。

除按民用建筑的一般要求外，还须标明各工段的名称及其位置。在平面上用粗点划线表示吊车轨道中心线，用虚线表示吊车轮廓线，标注吊车吨位 Q、吊车跨度 L_k 及轨道中心线与定位轴线距离。

5.2.4　绘制厂房剖面图（比例 1∶100）

1. 根据工艺要求确定厂房剖面形式

生产设备体型、工艺流程、生产特点、加工件的大小和重量以及垂直起重运输工具的种类和起重量都直接影响厂房的剖面形式。当厂房内各跨的生产设备体型及加工件重量和起重运输设备均无多大差异时，厂房可采取等高等跨。如图 5.3 所示：当工艺生产中散热量大，则厂房剖面形式可如图 5.4 所示：当生产工艺流程和各跨生产设备不同且有特殊要求时，则会形成高低错落的剖面形式，如图 5.5 所示。另外，采光通风的要求、屋面排水方式、檐口形式的选取，都会影响到剖面形式。总之，剖面形式确定原则是：在满足工艺的前提下，经济合理地确定厂房高度及有效利用和节约空间，妥善解决厂房的天然采光、自然通风和屋面排水，合理选择围护结构形式及构造，使厂房具有适宜气候的良好围护功能。

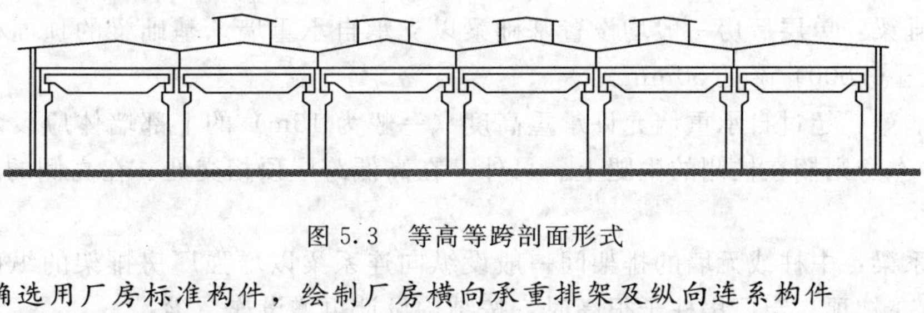

图 5.3　等高等跨剖面形式

2. 正确选用厂房标准构件，绘制厂房横向承重排架及纵向连系构件

（1）柱的选取：根据吊车吨位、跨度、轨顶、柱顶高度从表 5.1 选取柱构件，柱顶标高应符合 300mm 的整倍数；而柱上的轨顶高应符合 600mm 倍数。

（2）屋架选取：根据跨度及屋面体系选取屋架形式，如设有天窗则根据工艺要求及结

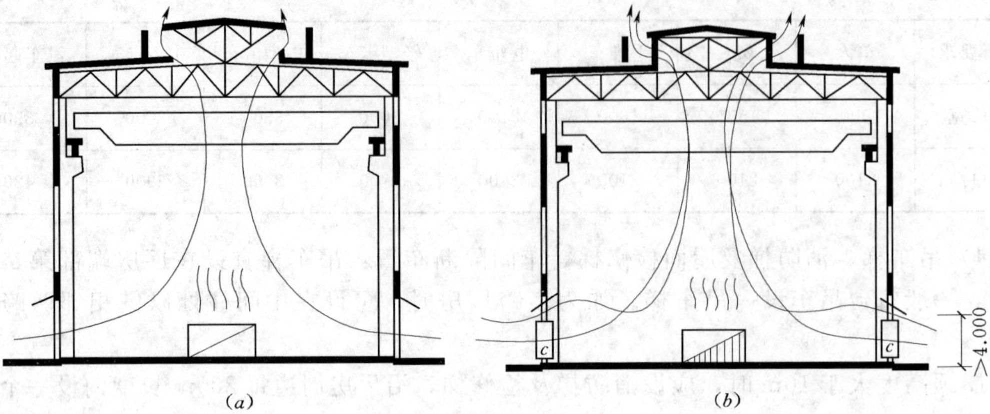

图 5.4　热车间剖面示意图

(a) 南方地区热车间剖面示意；(b) 北方地区热车间剖面示意

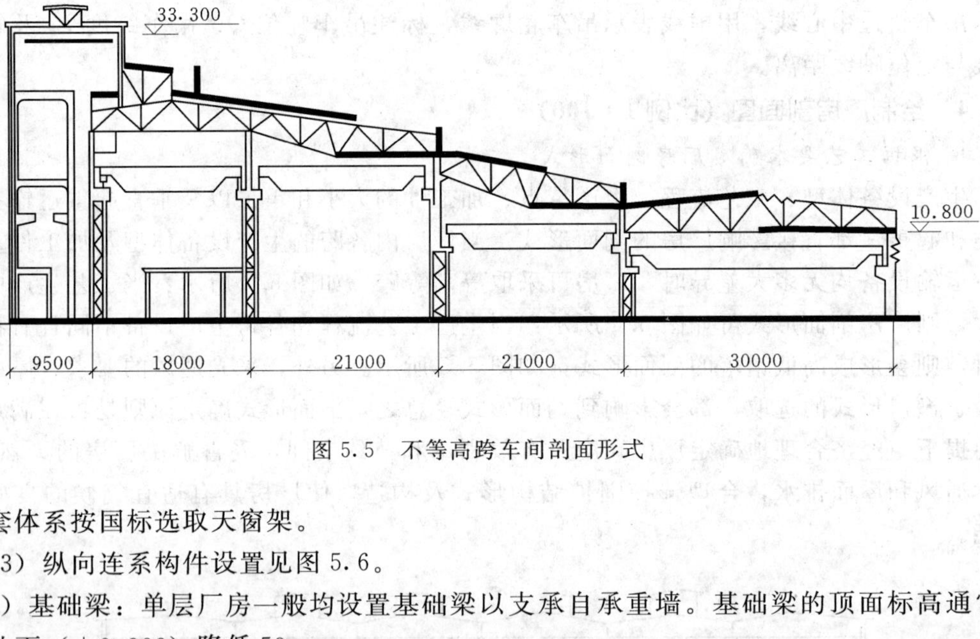

图 5.5　不等高跨车间剖面形式

构配套体系按国标选取天窗架。

(3) 纵向连系构件设置见图 5.6。

1) 基础梁：单层厂房一般均设置基础梁以支承自承重墙。基础梁的顶面标高通常比室内地面（±0.000）降低 50mm。

2) 承墙梁：超过自承重墙允许承重高度（一般为 15m）的上部墙体应设承墙梁来支承。承墙梁本身则搁在柱侧的牛腿上。另外，在高低跨屋顶相交处，在高侧的封墙下也设承墙梁。

3) 连系梁：中柱或无墙的排架间一般设纵向连系梁以增强厂房排架的纵向刚度。其位置一般设在柱顶。当厂房柱子很高时，按结构设计再增设连系梁。

4) 过梁：门窗洞顶设承重过梁。

5) 圈梁：为增加外围护墙体的整体稳定性、排架纵向刚度及墙身与排架的连接，在墙身高度范围内要适当设置圈梁，圈梁的位置应首先设于柱顶及吊车梁附近，然后才是较高屋架边端的墙顶，振动较大的厂房，沿墙高每4m左右设一道。

上述各梁的设置应统一考虑，尽量做到一梁多用，但该梁的断面尺寸应按其所起主要作用的外力估算而定。

(4) 吊车梁与吊车：根据柱距及吊车吨位选定吊车梁与吊车，绘出吊车梁端面及吊车外形轮廓，标出其跨度及与定位轴线的距离。

3. 正确布置与绘出厂房外围护构件

(1) 墙体：南方可用240mm厚普通砖墙作围护结构；北方则根据保温要求选择墙厚和墙体材料。也可采用墙板作围护构件，当用墙板时要表示出板型、墙板划分等。

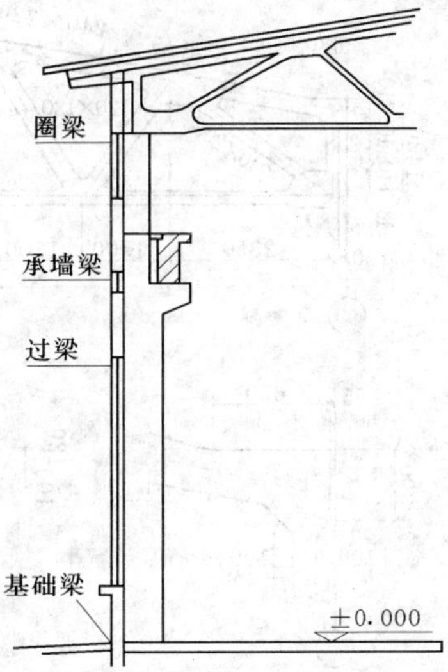

图5.6 纵向连系构件设置

(2) 侧窗：窗洞的高度根据采光面积估算，还应兼顾立面造型及结构要求，高侧窗窗台高应比吊车轨顶标高高出600mm左右为宜；低侧窗窗台一般应略高于工作面，一般站着工作时窗台高为1.4～1.5m，坐着工作时为0.7～0.8m。

(3) 外门：根据厂房所采用运输工具及立面要求决定门洞高度，门洞上方应设雨棚，下端做坡道。厂房室内外地坪高差一般取150mm，以免坡道过长或过陡。

(4) 侧墙檐口：根据所选屋架类型、屋面形式、排水方式及立面要求选取，可用挑檐式、女儿墙内天沟式、外檐沟式。

(5) 屋面板：一般选用大型屋面板，包括标准板、嵌板及檐沟板等。

(6) 天窗：一般热加工车间及二跨以上厂房中间跨需设天窗，天窗一般采用矩形天窗，按标准图集选用。剖面上要表示出天窗架、侧板、窗扇、天窗檐口等。

4. 用文字注明屋顶、地面、散水等组成层次的用料名称及其厚度

屋面除采用大型屋面板作基层外，其上面还有防水层和根据工艺要求以及地区条件设置的保温或隔热层，地面散水设有垫层、面层或结构层、附加层等。各组成层次的用料名称及其厚度应具体标注清楚。

5. 其他制图要求应按《房屋建筑制图统一标准》(GB/T 50001—2001) 规定执行

5.3 设 计 图 例

5.3.1 构件形式及尺寸

详见图5.7～图5.13。

5.3.2 设计例题

详见图5.14～图5.16。

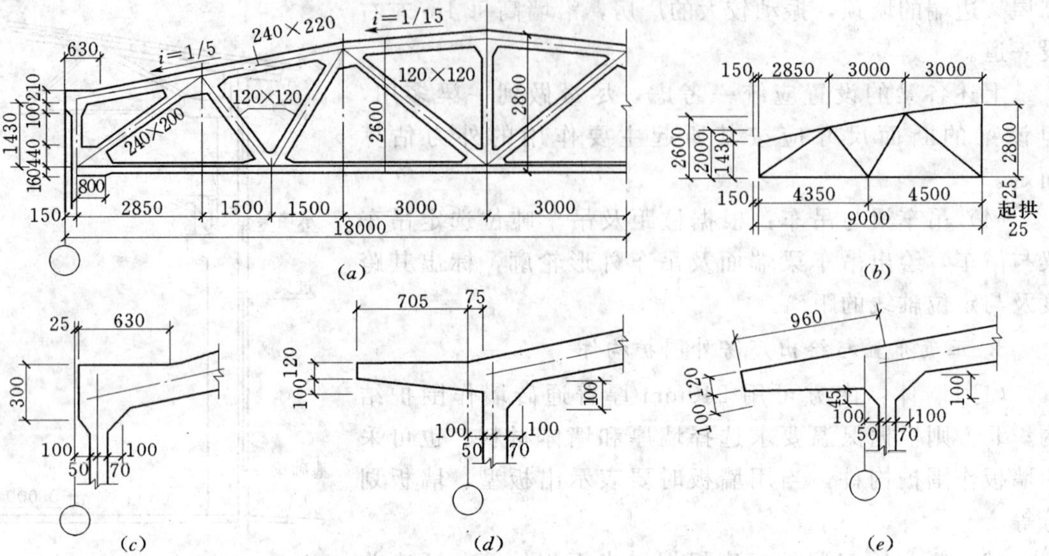

图 5.7　预应力钢筋混凝土折线形屋架（跨度 18m）

(*a*) 模板图（适用于内天沟）；(*b*) 屋架几何简图；(*c*) 内天沟上弦端节点；

(*d*) 外天沟上弦端节点；(*e*) 自由落水上弦端节点

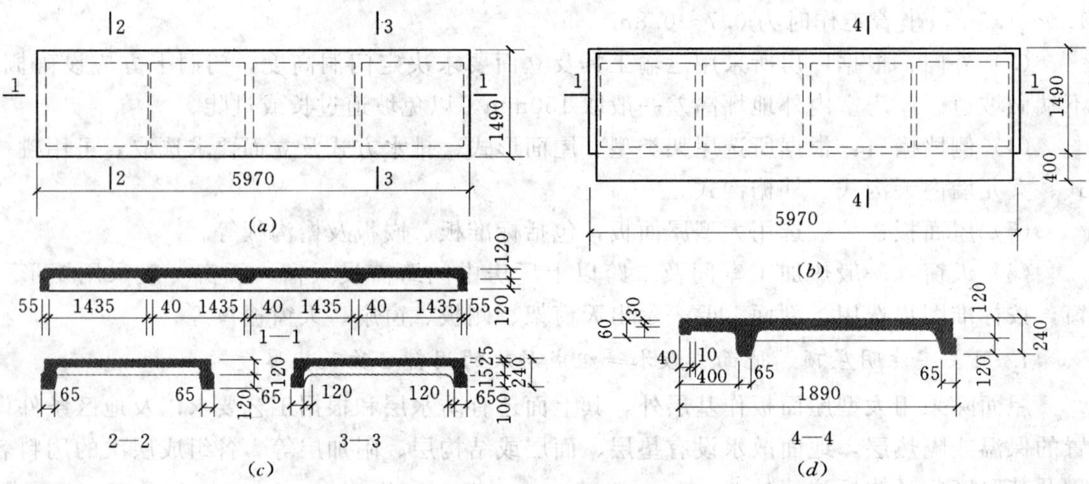

图 5.8　1.5m×6m 预应力钢筋混凝土屋面板（卷材防水）

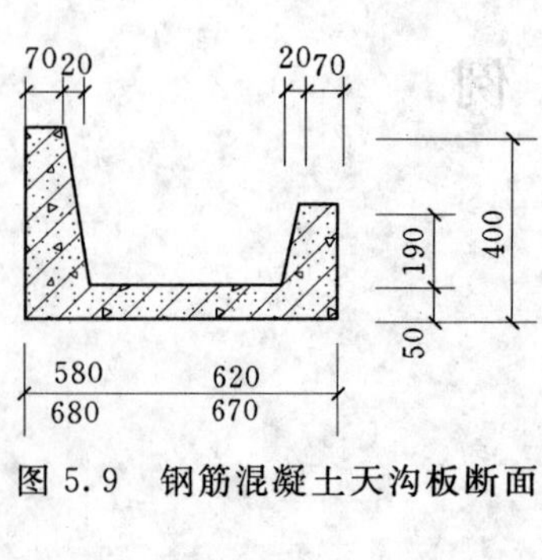

图 5.9　钢筋混凝土天沟板断面

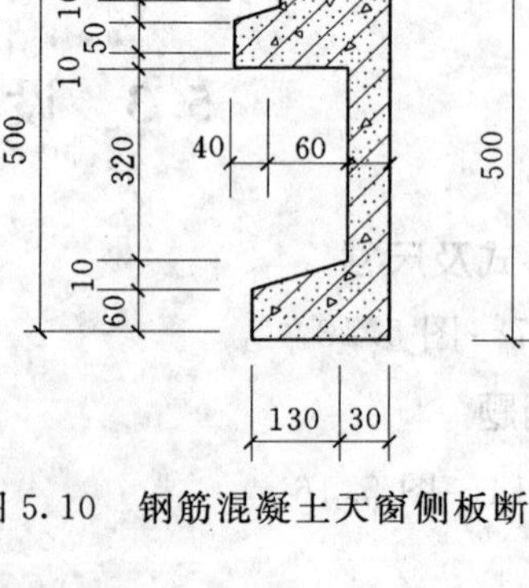

图 5.10　钢筋混凝土天窗侧板断面

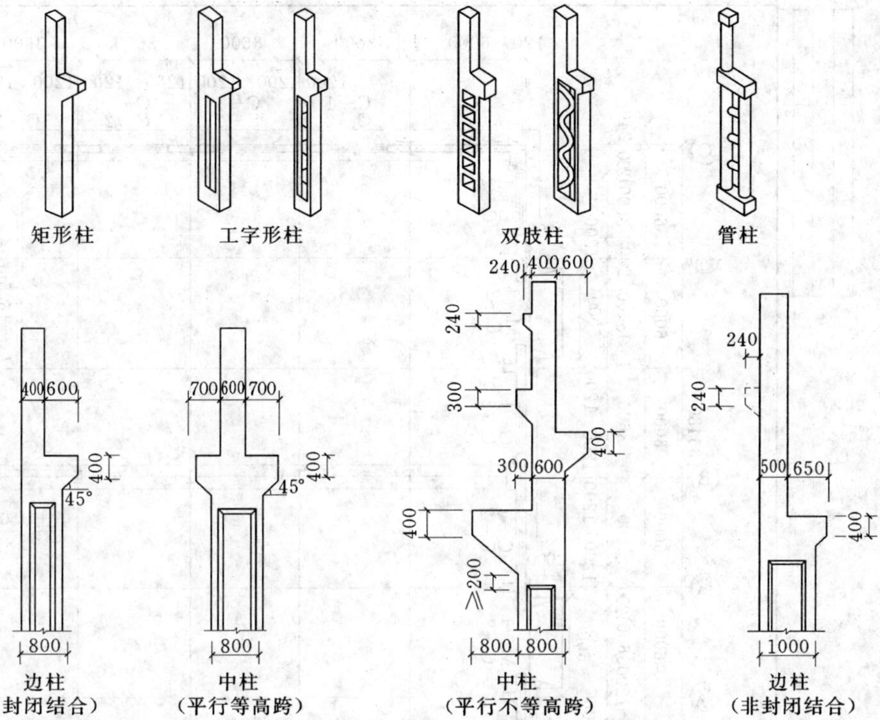

图 5.11 钢筋混凝土柱

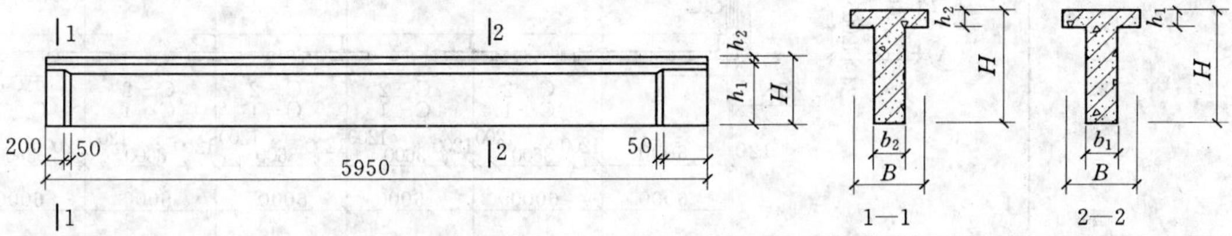

吊车吨位(kN)	L_1	H	h_1	h_2	B	b_1	b_2
10	200/600	900	800	100	500	160	250
200/50	200/600	1200	1080	120	500	180	300
300/50	200/600	1200	1080	120	500	210	300

注 $L_值$:分子——于一般柱间。
分母——于伸缩缝处。

图 5.12 6m 钢筋混凝土吊车梁

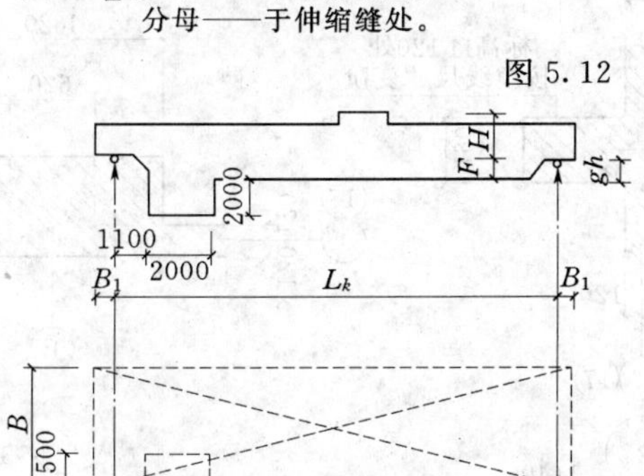

吊车吨位 Q(kN)	100	200/50	300/50
轨道中心至吊车外缘宽度 B_1	230	260	300
吊车轨道高 gh	160	190	190
轨顶至吊车小车顶面高度 H	1893	2291	2591
轨顶至吊车梁架下缘距离 F	928	836	790
吊车宽度 B	6040	6100	6200

图 5.13 吊车轮廓尺寸

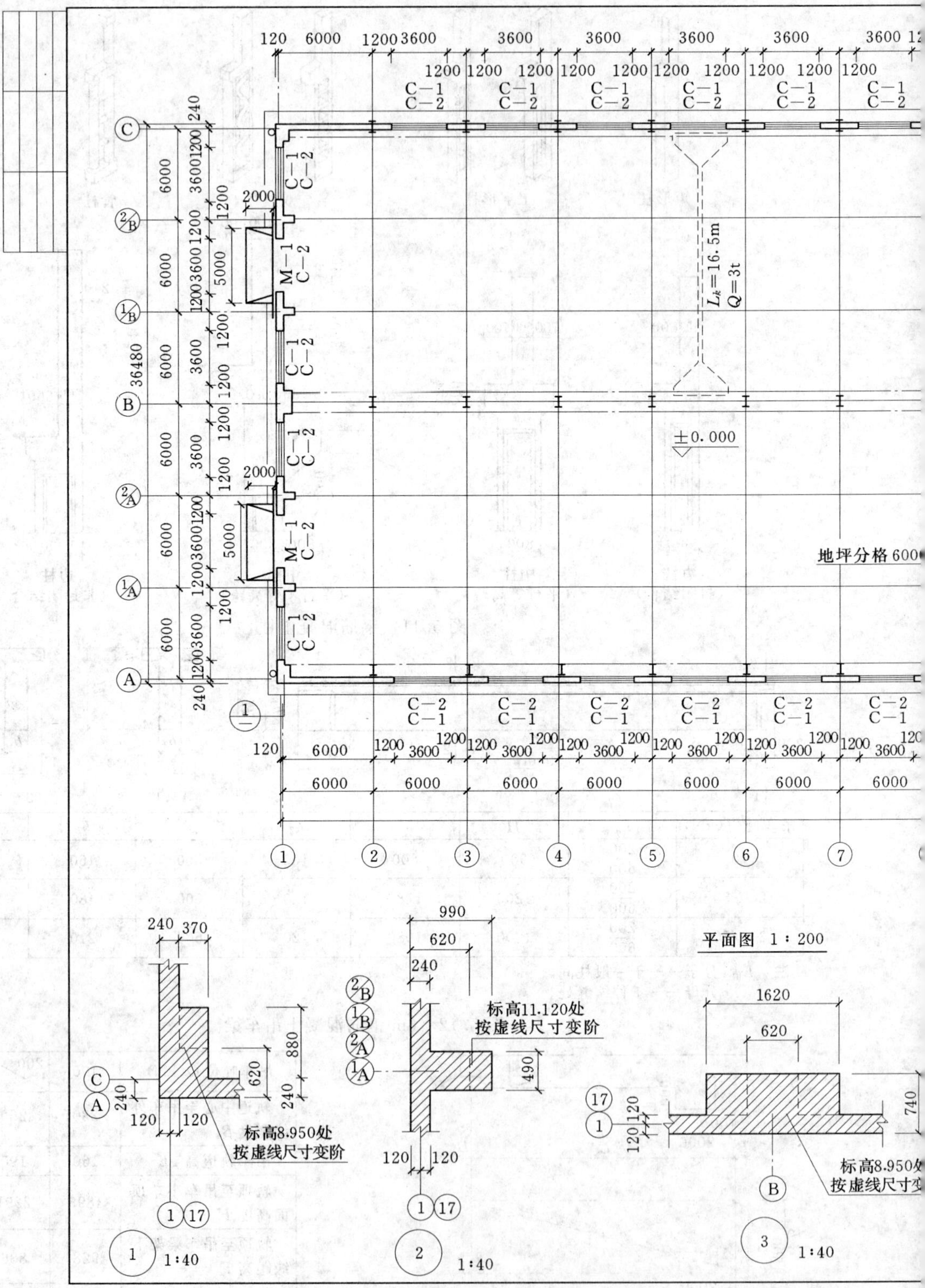
C-1
C-2
M-1
L_k=16.5m
Q=3t
±0.000
地坪分格600
36480
平面图 1∶200
标高8.950处
按虚线尺寸变阶
标高11.120处
按虚线尺寸变阶
1∶40
1∶40
1∶40

图 5.14 某

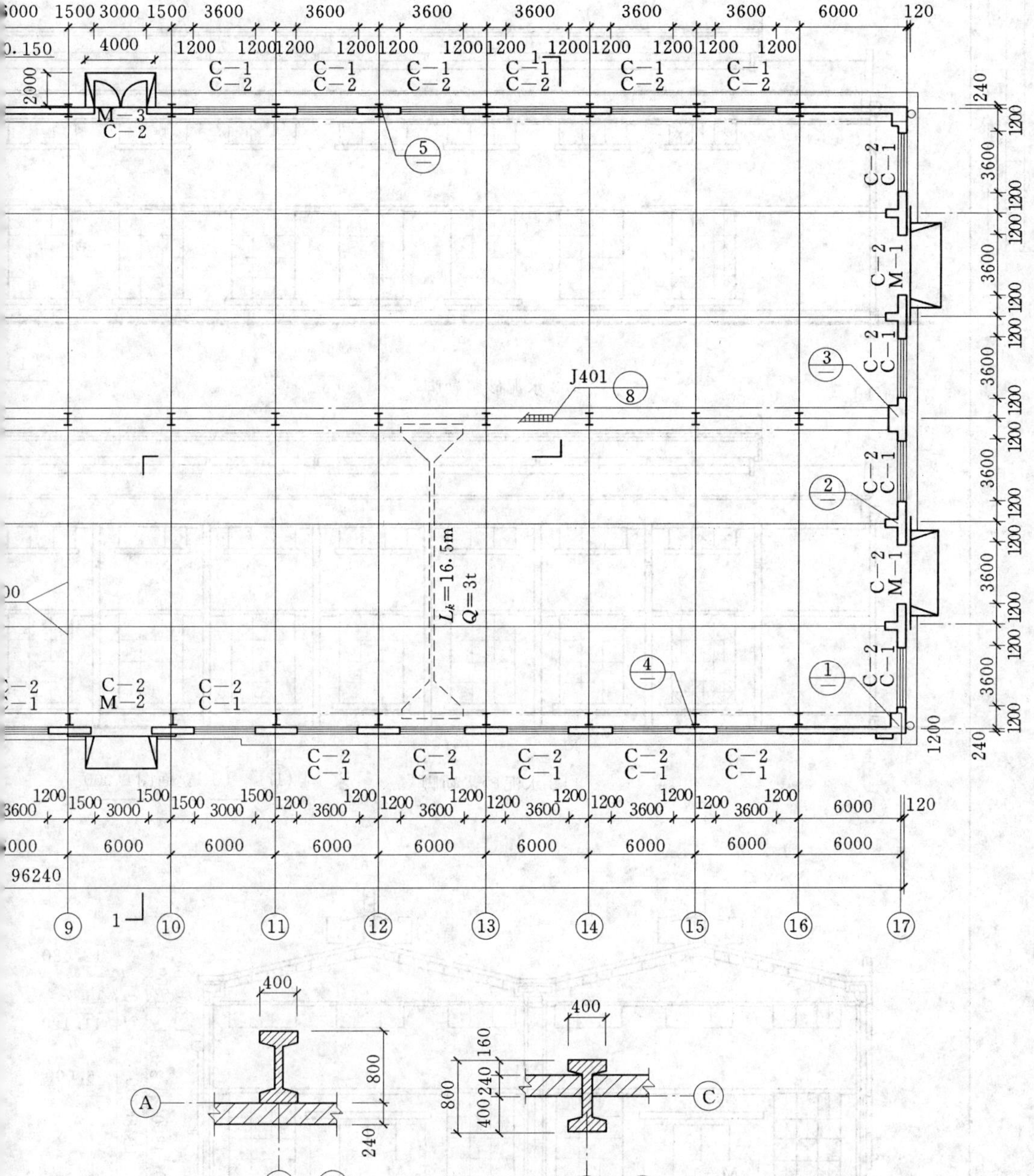

××设计院			工程名称	××厂扩建工程	设计号	9704
			工程项目	装配车间	图别	建施
审核			平面图		图号	4—4
审定					比例	1:200
设计					日期	1997.4

车间平面图

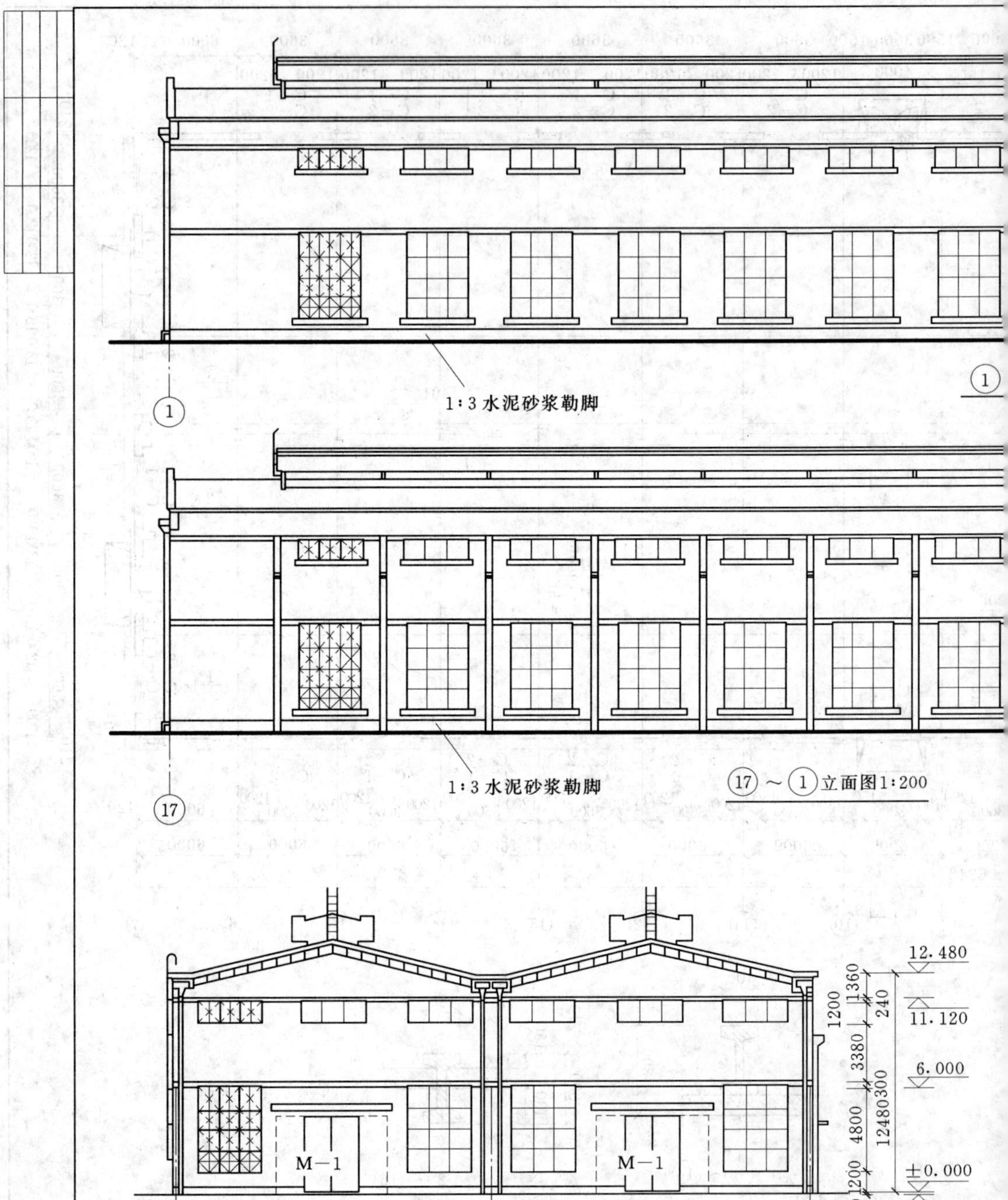
1:3水泥砂浆勒脚
1
1:3水泥砂浆勒脚
17
⑰～①立面图1:200
12.480
11.120
6.000
±0.000
−0.150
1360
240
1200
3380
300
12480
4800
1200
150
M—1
M—1
A
B
C
Ⓐ～Ⓒ立面图1:200

图 5.15 某

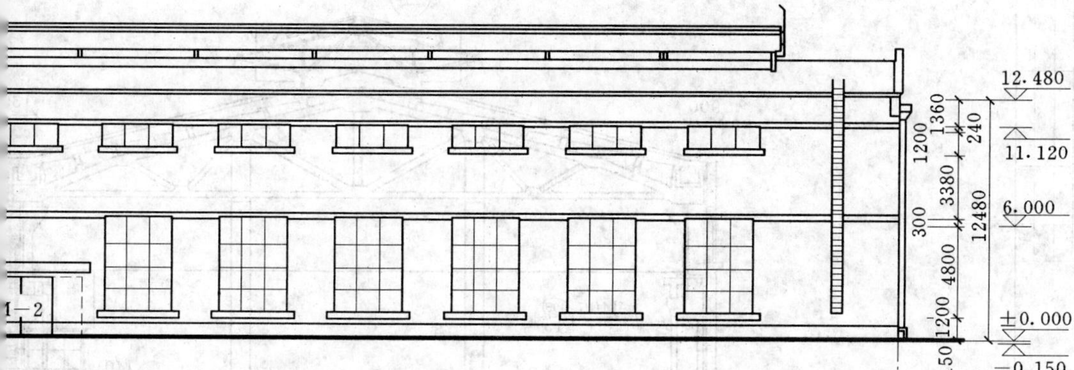

立面图1:200

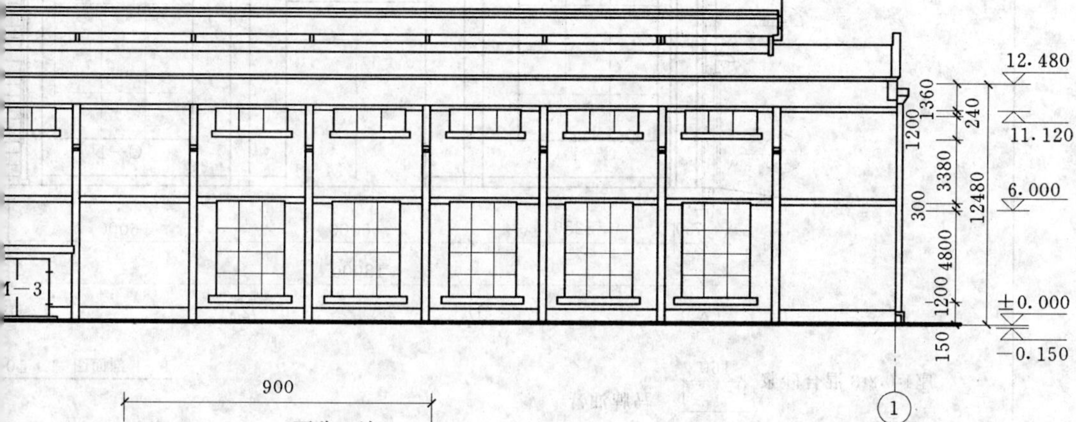

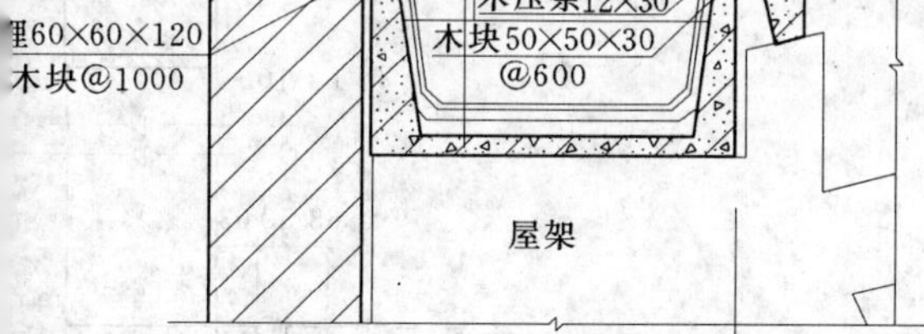

1/4 檐沟1:10

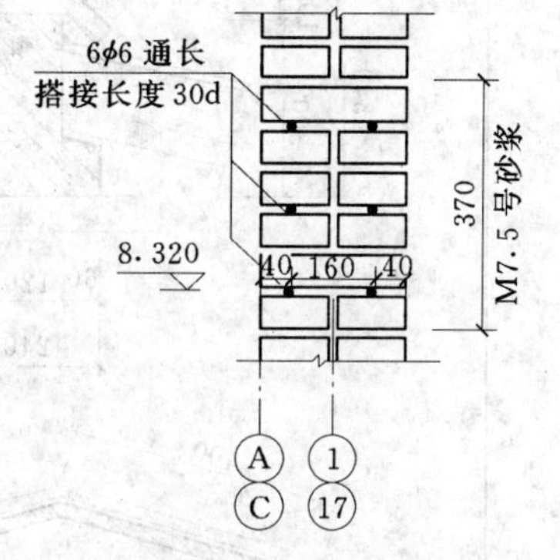

钢筋砖圈梁大样1:10

××设计院			工程名称	××厂扩建工程	设计号	9704
			工程项目	装配车间	图别	建施
审核			立面图		图号	4—3
审定					比例	1:200
设计					日期	1997.4

车间立面图

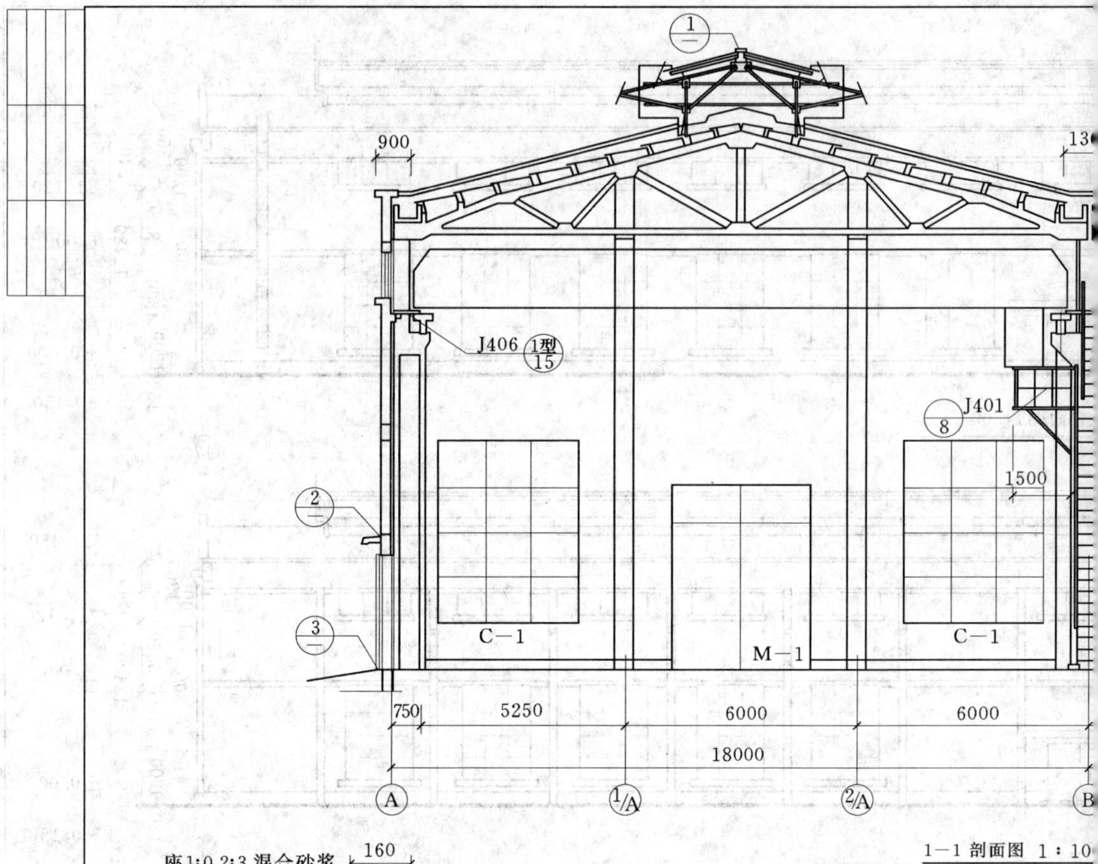

900
J406 1型 15
J401 8
1500
C—1
M—1
C—1
750
5250
6000
6000
18000
A
1/A
2/A
1—1 剖面图 1∶10
座1:0.2:3 混合砂浆
160
马牌油膏
340
300
80
60 120 60
240
① 1∶10
540
350
② 1∶10
400
③ 1∶10
63 50 63
④ 1∶10
M—2 雨篷及过梁

图 5.16　某金工车

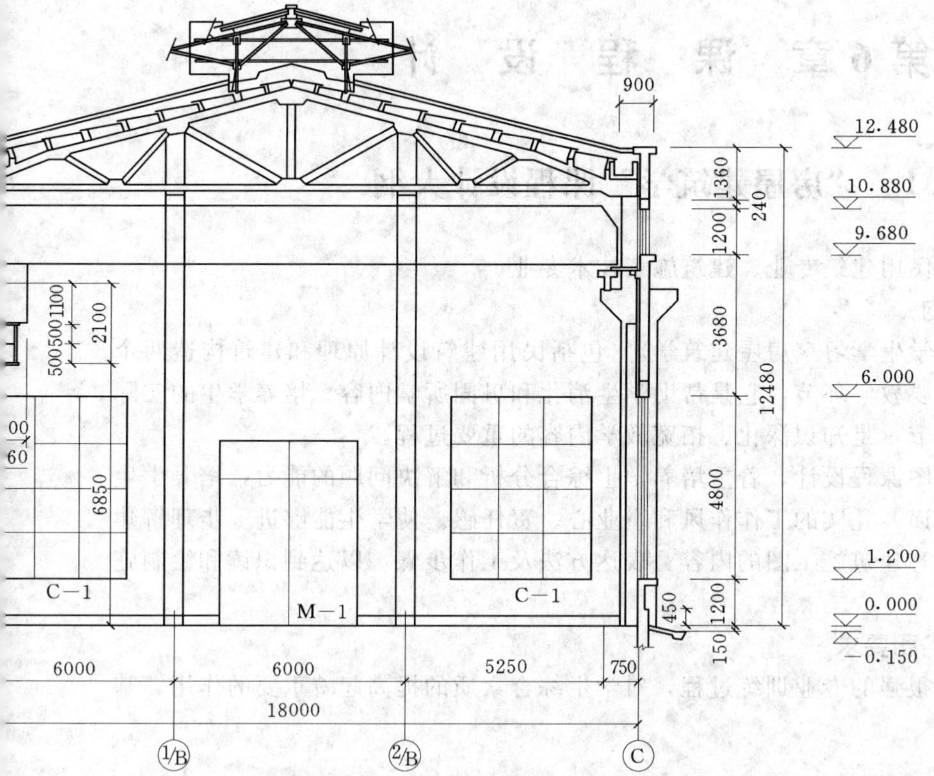

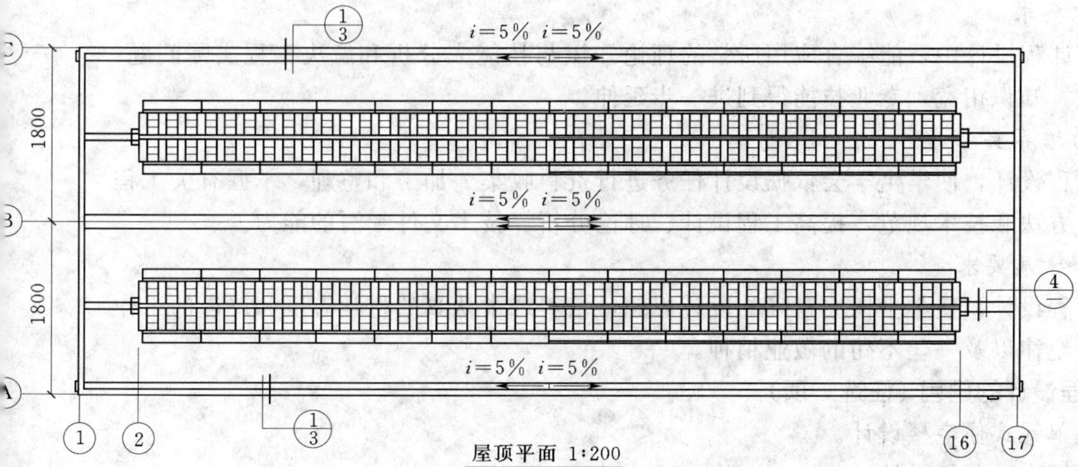

屋顶平面 1:200

××设计院			工程名称	××厂扩建工程	设计号	9704
			工程项目	装配车间	图别	建施
审核			1—1 剖面图 屋顶平面图		图号	4—4
审定					比例	1:200
设计					日期	1997.4

面图及屋顶平面图

第 6 章　课　程　设　计

6.1　“房屋建筑学”课程设计大纲

适用专业：工业与民用建筑专业、建筑施工技术专业。

6.1.1　课程设计的目的

建筑施工图设计是学生学习《房屋建筑学》(包括民用建筑设计原理和建筑构造两个部分）后综合训练的重要教学环节，它是帮助学生消化和巩固所学内容、培养学生的实际工作能力的重要教学环节，是知识深化、拓宽教学内容的重要过程。

通过本次建筑施工图课程设计，着重培养学生综合分析和解决问题的能力，培养学生独立工作的能力以及严谨、扎实的工作作风和事业心、责任感。使学生能够进一步理解建筑设计的基本原理，熟悉建筑施工图的内容、表达方法及工作步骤，以达到识读和绘制施工图的目的。

6.1.2　课程设计的任务和要求

课程设计是综合性很强的专业训练过程，对学生综合素质的提高起着重要的作用。基本要求如下。

1. 任务要求

在教师指导下，独立完成一项给定的设计任务。

2. 知识要求

学生在课程设计中，能综合应用所学的理论知识与技能去分析和解决工程实际问题，使理论深化，知识拓宽，专业技能得到进一步延伸。

3. 能力培养要求

通过课程设计，使学生学会依据设计任务进行资料收集、加工和整理，掌握有关工程设计程序、方法和技术规范，提高工程设计、理论分析、技术文件编写的能力。

4. 综合素质要求

通过课程设计，使学生树立正确的设计思想，培养严肃认真的科学态度和严谨的工作作风、遵守纪律以及一丝不苟的敬业精神。

6.1.3　课程设计的题目（任选一项）

(1) 某单元式住宅楼设计。

(2) 某综合办公楼设计。

(3) 某综合教学楼设计。

(4) 某学生宿舍楼设计。

6.1.4　课程设计的具体要求

(1) 课程设计阶段时间紧、任务重，学生与教师应密切配合，保证课程设计任务的顺利进行。

(2) 课程设计指导教师应有足够的时间与学生直接见面，抓好关键环节的指导，既不包办代替，也不能放任自流，注意调动学生的主动性和创造性。

(3) 学生要根据教师下达的设计任务书，以勤奋、严谨的学习态度完成课程设计任务。不得弄虚作假或抄袭他人成果；不得无故离岗或缺勤，要全面地参加设计的所有环节。

(4) 每位学生应在原有方案基础上进行调整，并逐一让指导老师确认通过后，方可开始上图板画图（鼓励应用CAD画图）。

(5) 各位同学每天均应准时到教室进行设计和考勤。

6.1.5 课程设计的学时分配（见表6.1）

表6.1 学时分配表

序号	内容	天数（d）	序号	内容	天数（d）
1	熟悉任务书、进行方案设计	0.5	4	节点详图绘制	0.5
2	确定设计方案	0.5	5	整理说明书及上交成果	0.5
3	建筑平、立、剖面图绘制	3		合计	5

6.2 某单元式住宅楼设计

6.2.1 设计任务书

6.2.1.1 目的

通过理论教学、参观和设计实践，使学生能够运用已学过的建筑空间环境设计的理论和方法进行一般的建筑初步设计，进一步理解建筑设计的基本原理，掌握初步设计的步骤和方法，进一步训练和提高绘图技巧。

6.2.1.2 设计条件

(1) 本设计为城市型住宅，位于城市居住小区或工矿住宅区内，具体地点自定。

(2) 基地面积：50×80＝4000（m^2），拟建住宅建筑面积3600m^2。

面积指标：平均每套建筑面积80～150m^2。

(3) 套型及套型比由设计者自定。

(4) 层数：5～6层。

(5) 层高：2.8m。

(6) 结构类型：砖混或者框架。

(7) 房间组成及要求：

1) 居室：包括卧室和起居室，各居室间分区独立，不相互串通。其面积不宜小于下列规定：主卧室14m^2，单人卧室9m^2，起居室20m^2。

2) 厨房：每户独用，房内设案台、灶台、洗涤池等（燃料：煤气、天然气自定）。

3) 卫生间：每户独用，设蹲位、淋浴（或盆浴）及洗脸盆。

4) 阳台：每户设生活阳台和服务阳台各一个。

5) 贮藏设施：根据具体情况设搁板、吊柜、壁龛、壁柜等。

6.2.2 设计内容和图纸要求

6.2.2.1 设计内容

本设计按方案设计深度要求进行，用手工绘图，2 号图纸，制图标准参照 GB/T 50001—2001，并根据具体建筑技术条件提供设计说明书。

(1) 平面图：各层平面，比例 1∶100。

1) 确定各房间的形状、尺寸及位置，注明房间名称。

2) 确定门窗的位置大小，表示门的开启方向。

3) 表示楼梯的踏步、平台及上下行指示线。

4) 厕所给出卫生器具布置。

5) 标注各部分尺寸：外部尺寸（即总尺寸、轴线尺寸、墙段和门窗洞口尺寸）；内部尺寸（即内部墙段、门窗洞口、墙厚等细部尺寸）。

6) 标注楼面标高。

7) 标注定位轴线及轴线编号、门窗编号、剖切符号、指北针和详图索引符号等。

8) 注写图名和比例。

(2) 剖面图：1～2 个，比例 1∶100。

1) 剖切到的构件以双粗线表示，钢筋混凝土部分涂黑表示，可见部分以细实线表示。

2) 确定各主要部分的高度和分层情况，以及主要构件的相互关系。

3) 标注建筑总高度、层高以及门窗洞口和窗间墙等细部尺寸。

4) 标注主要轴线及编号、详图索引符号，注写图名和比例。

(3) 立面图：主要立面和侧立面，比例 1∶100。

1) 表示建筑外形以及门窗、雨篷、外廊等构配件的形式和位置，注明外墙饰面材料和做法。

2) 标注边轴线及编号，注写图名和比例。

(4) 屋顶平面图：比例 1∶100 或 1∶200。

1) 表明各坡面交线、檐沟或女儿墙和天沟、雨水口、屋面上人孔等位置，标注排水方向和坡度。

2) 标注屋面标高（结构上表面标高），标注屋面上人孔等突出屋面部分的有关尺寸。

3) 标注各转角处的定位轴线及编号。

4) 外部标注两道尺寸（即轴线尺寸、雨水口到邻近轴线的距离或雨水口的间距）。

5) 标注详图索引符号，注写图名和比例。

(5) 详图：2～4 个，比例自定。

表示节点的构造关系，标注有关细部尺寸、标高、轴线编号以及构造做法等。

6.2.2.2 图纸要求

(1) 图纸首页：设计说明、门窗表、图纸目录和工程做法表。

1) 设计说明主要包括工程概况、设计依据和工程做法表中没能表明的构造做法等。

2) 门窗表中的内容有编号、名称、洞口尺寸［宽×高（mm）］、数量和备注等。

3) 图纸目录主要说明一套图纸的数量、编号、规格和图名（各张图纸的内容）等。

4）工程做法表主要表明建筑各构件的做法、采用标准图集号和使用部位等。

（2）技术经济指标：

总建筑面积（m^2）、各层建筑面积（m^2）。

各功能空间使用面积（m^2）。

$$套型建筑面积=总建筑面积（m^2）/总套数$$

$$标准层使用面积系数=\frac{标准层使用面积（m^2）}{标准层总建筑面积（m^2）}\times 100\%$$

各技术经济指标按表6.2填写。

6.2.3 设计步骤和方法

表6.2 套型比表

项　目	套　型		
	小套	中套	大套
套数（套）			
套型比（%）			
平均每套使用面积（m^2）			

6.2.3.1 住宅设计要点

（1）以当地城市规划和建设条件、居住对象的生活要求及家庭结构情况作为设计依据，并要符合有关套型、户室比、建筑面积标准和设备要求。

（2）房屋间的平面组合关系要合理紧凑，避免卧室间的穿套。

（3）高层住宅居住条件必须合理，应避免全北向采光户型；多层住宅至少应有一间卧室朝南开窗，且其采光面积不应小于1200mm×1500mm，其他居室应具有直接采光通风条件，且应减少直接开向起居室（厅）门的数量。

（4）厨房应有直接采光、自然通风条件，必须设置洗涤池、排油烟井道等设施。

（5）每套住宅应设卫生间，卫生间不应布置在卧室、起居室（厅）和厨房的直接上层。套内还应设置洗衣机、电冰箱等家电的位置。

（6）设置电梯的住宅公共入口，应设置供轮椅通行的坡道和扶手，电梯间不应与卧室、起居室紧邻布置，凡受条件限制不能满足要求时，必须采取有效的隔声与减震措施。电梯厅的深度不应小于多台电梯中最大电梯轿厢的深度，且不得小于1.5m。

（7）多层住宅楼梯间应有天然采光和自然通风。

（8）要掌握居住建筑日照的要求。

（9）住宅建筑的造型和色彩力求美观大方。要多样化，与周围环境相适应。

6.2.3.2 住宅功能分析

住宅应给住户提供各种功能空间以满足其使用要求：如睡眠、起居、工作、学习、进餐、炊事、洗浴、便溺、储藏及户外活动等，归结为居住、厨卫、交通三大部分（有时也称为主要使用空间、辅助使用空间和交通联系空间）。合理的空间布置、区域划分对现代家居环境影响甚大。建筑设计提供了最基本的空间条件，如面积大小、平面关系、厨房浴厕等位置，基本功能包括睡眠、休息、饮食、会客、娱乐以及学习等，这些功能因素又形成环境的

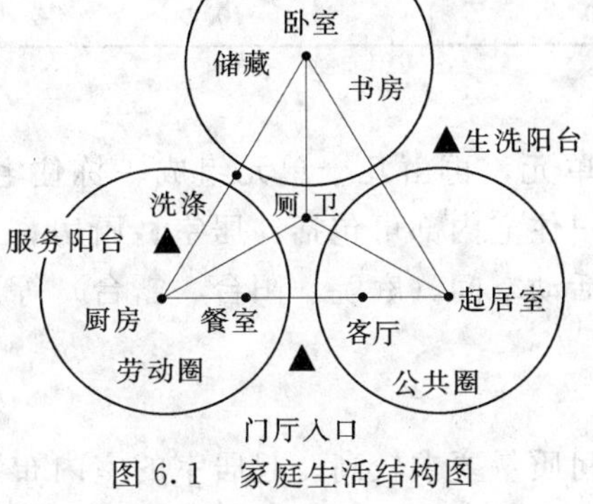

图6.1 家庭生活结构图

静、闹、群体、私密、外向、内敛等不同特点的分区；平面布局包括各功能区域之间的关系，各房室之间的组合关系，各平面功能所需家具及设施、交通流线、面积分配、平面与立面用材的关系、风格与造型特征的定位、色彩与照明的运用等。一般住宅功能空间的组合关系也可用图 6.1 和图 6.2 来表示。

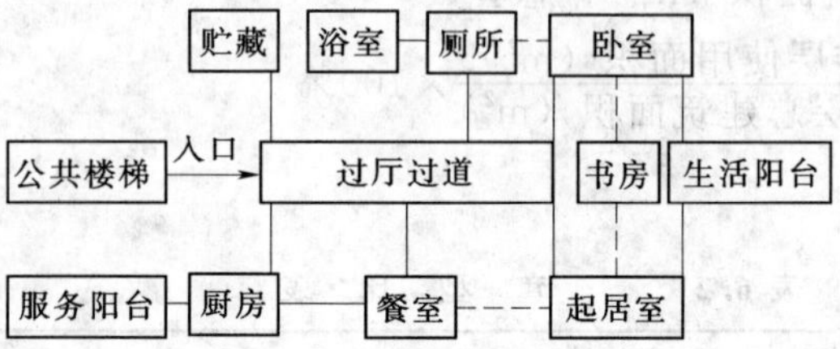

图 6.2 住宅组成示意图

住宅室内空间的合理利用，在于不同功能区域的合理分割、巧妙布局、疏密有致、充分发挥居室的使用功能。例如：卧室、书房要求静，可设置在靠里边一些位置以不被其他室内活动干扰。起居室、客厅是对外接待、交流的场所，可设置靠近入口的位置。卧室、书房与起居室、客厅相连处又可设置过渡空间或共享空间，起间隔调节作用。此外，厨房应紧靠餐厅，卧室与卫生间贴近等。

6.2.3.3 常用家具尺度与占地面积

房间的开间与进深尺寸的确定，应考虑常用家具的尺度、布置及占地面积，还应符合建筑模数。见表 6.3。

表 6.3 常用家具尺寸表

家具名称	家具尺寸		占地面积（m^2）
	长（m）	宽（m）	
双人床	2.00	1.50	3.00
单人床	2.00	0.90	1.80
餐桌	0.80	0.80	0.64
写字台	1.00	0.60	0.60
写字台	1.20	0.70	0.84
写字台	1.40	0.80	1.12
椅子	0.38	0.43	0.16
凳子	0.38	0.27	0.10
沙发组	2.90	2.60	7.54
床头柜	0.40	0.40	0.16
小衣柜	1.20	0.60	0.72
大衣柜	1.50	0.60	0.90
电视机柜	2.00	0.46	0.92
缝纫机	1.10	0.40	0.44

6.2.3.4 住宅各空间部分的设计

一幢单元式的多层住宅，可以由一户或几户组成单元，再由几个单元组成一栋住宅。而“户”是住宅设计的基本单位（也称为“套”），一户住宅内部可包括：居室、厨房、卫生间、户内过道（户内楼梯）或前室、贮藏间、室外活动空间（庭院、阳台、露台）等几个部分。

1. 起居室

起居室是团聚、会客的场所、房间面积较大，空间质量要求较高。起居室的室内布置应综合考虑起居室面积、形状、门窗位置、家具尺寸及住户的不同需求、生活习惯等多种因素。起居室宜设置空调装置并有良好的通风。起居室还可以兼具睡眠、用餐、学习等功能，此时平面布置应考虑各个不同使用功能空间的独立性。

起居室应有直接采光、自然通风。起居活动宜布置在敞亮通风处，如靠窗的位置。按照规范：其使用面积不应小于 12m²。一般起居室的净面积不宜小于 10m²，净宽不宜小于 2.7m，净长不小于 3m，应注意防止出现过多的门，以尽可能保证有三面墙围成功能空间。

起居室还可以与户内的进厅及交通面积相结合，但极易产生穿套情况。起居室平面布置图可参考图 6.3 和图 6.4。

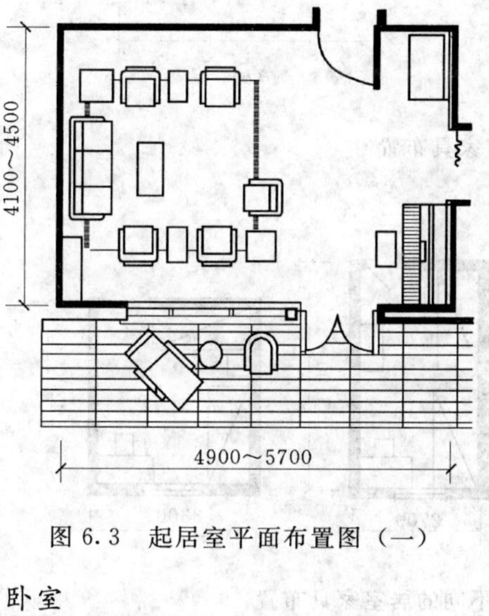

图 6.3 起居室平面布置图（一）

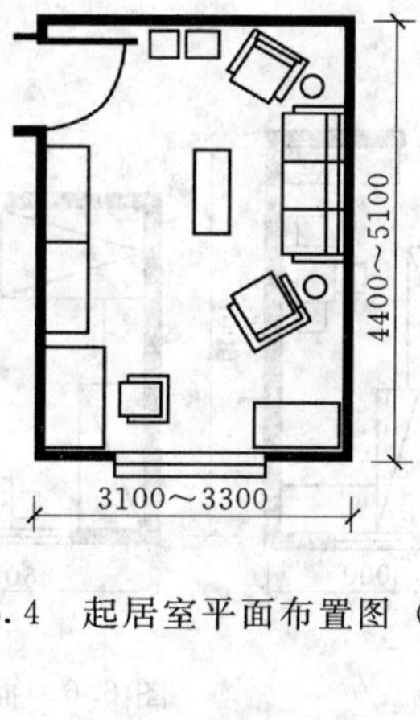

图 6.4 起居室平面布置图（二）

2. 卧室

卧室的布置应综合考虑卧室面积、形状、门窗位置、床位布置以及活动面积等综合因素。

卧室分主卧室和次卧室。在卧室的设计上，应追求功能与形式的完美统一，优雅独特、简洁明快的设计风格。卧室最小面积为 6.0m²，中等大小为 8～10m²，12～14m² 已经属足够大的卧室。卧室必备的使用家具有床、床头柜、更衣橱、低柜（电视柜）、梳妆台等。卧室家具布置，如卧室里有卫浴室的，就可以把梳妆区域安排在卫浴室里，见图 6.5～图 6.7。

床作为卧室的主要家具，因此设计时候应尽量考虑床位沿内墙布置，房间的形状布置应尽可能与床位尺寸配合。居住面积较为宽裕时，床位布置也可三面临空，未成年子女也可将卧室与书房合在一起。但要注意卧室之间不应穿越，卧室应有直接采光、自然通风。

3. 厨房

民以食为天，厨房作为户内的主要辅助用房，它主要解决的是人们的餐饮问题，在现代家居中地位愈显重要。厨房作业的基本流程如图 6.8 所示。厨房的面积、形状和尺寸主要取决于燃料种类、设备大小和布置以及操作程序。按照规范，厨房的使用面积对于一类

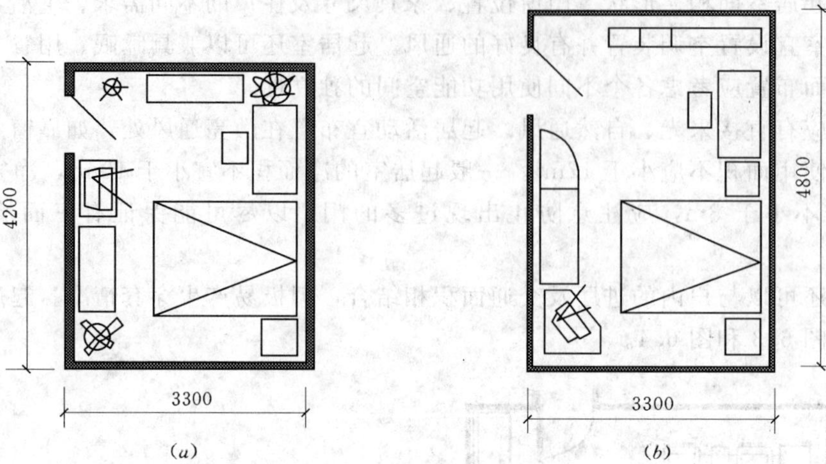

图 6.5 卧室家具布置

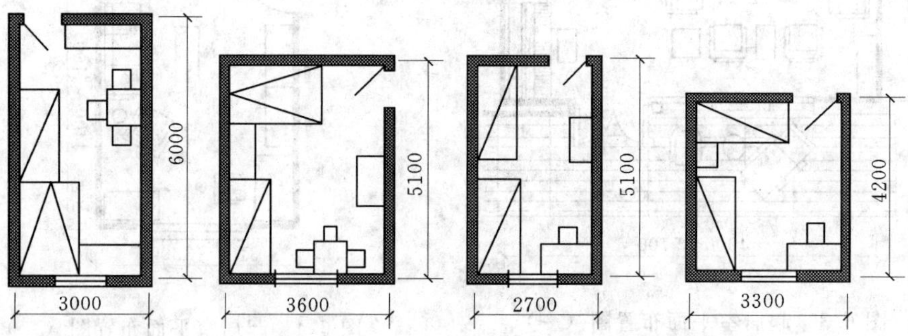

图 6.6 面积相同尺寸不同的居室家具布置

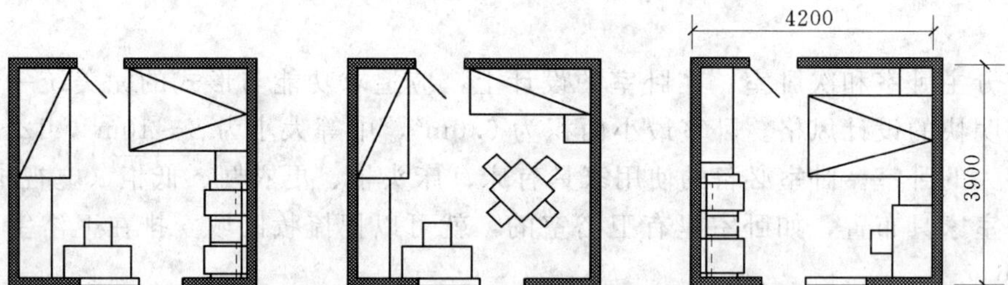

图 6.7 方形居室家具布置

和二类住宅应不小于 4m²，三类和四类住宅应不小于 5m²。厨房应有直接采光、自然通风，并宜布置在套内近入口处。

厨房一般情况下应设置洗涤池、案台、炉灶及排油烟机、固定式碗柜等设备或预留位置，现代家居还要求考虑厨房里预留冰箱的位置。

设备布置要考虑操作的方便，操作空间一般不应小于 750mm×750mm。设备间距过大，会增加往返走动的距离。下面是常见的厨房设备布置的形式：

（1）单排布置：适用于宽度只能单排布置设备的狭长平面或在另一侧布置餐桌的厨房。由于各件设备都要各自留出自己的操作面积，面积利用不够充分。见图6.9。

（2）并列型布置：将设备分列两侧，操作时造成180°转身往复走动，从而增加体力的消耗，适用于设阳台门的厨房及相对有两道门的厨房。条件允许时可以分别在两侧均设洗涤池以减少往复跑动。见图6.10。

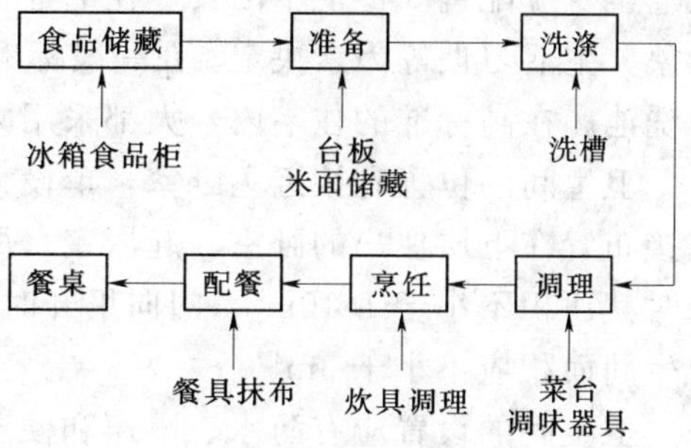

图6.8 厨房作业的基本流程

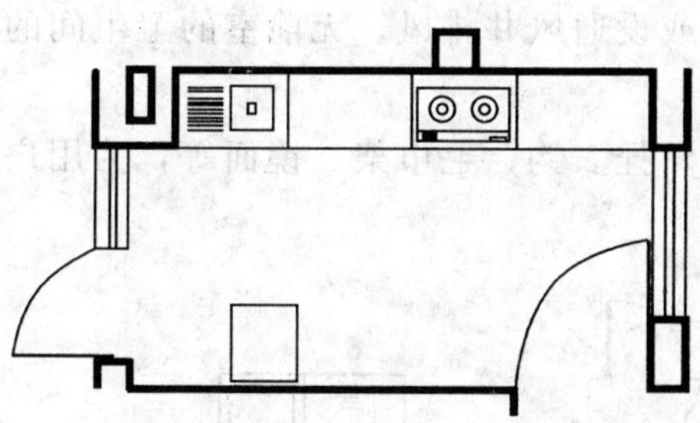
图6.9 单排布置

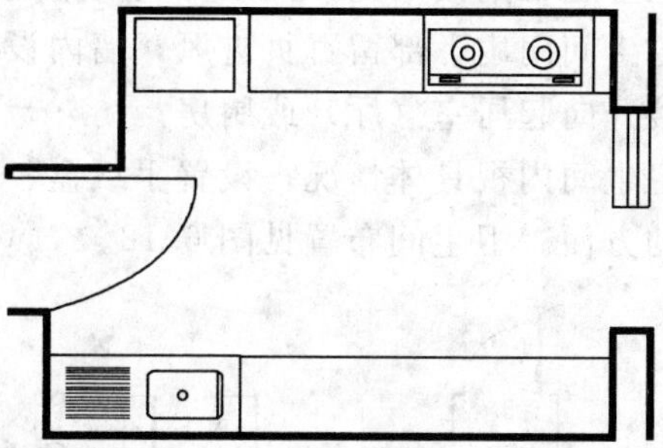
图6.10 双排布置

（3）曲尺形布置：设备90°角布置，各设备操作顺序不重复，但转角部分空间使用率过低。

（4）U形布置：U形布置一般仅适用于人口较多的家庭及设备较多的厨房。见图6.11。

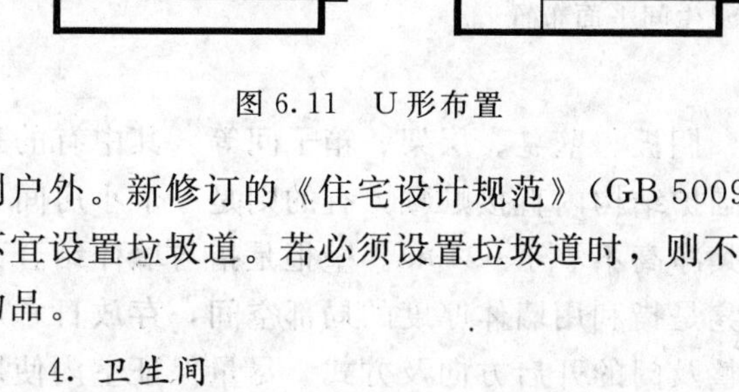
图6.11 U形布置

厨房应有外窗或开向走廊的窗户，窗宽不小于0.9m，厨房门宽不小于0.8m。厨房还应有良好的排气罩位置，要防止油烟、煤气、灰尘进入居室。同时厨房还应注意防火，墙和地面要便于清洗，也要注意防水，一般厨房地面应比居室地面低20～60mm。

厨房应与服务阳台直接相通，以便理菜、晾晒、贮藏等，使厨房使用空间扩大到户外。新修订的《住宅设计规范》（GB 50096—1999）2003版已规定：低层、多层住宅不宜设置垃圾道。若必须设置垃圾道时，则不应占用楼梯休息平台，以免妨碍通行及搬运物品。

4. 卫生间

按照规范要求，每套住宅应设卫生间，第四类住宅宜设二个或二个以上卫生间。每套住宅至少应配置3件卫生洁具。住宅卫生间的设备布置应根据住宅标准、气候条件、使用对象、生活习惯等因素决定。在一般标准的住宅里，厕所只设大便器，漱洗往往利用厨房的洗池。在高标准的住宅内，大都采用大便器、脸盆、浴盆3件卫生间。

卫生间的位置宜接近主卧室，单设大便器的卫生间应接近客厅。但要注意卫生间不应直接布置在下层住户的卧室、起居室（厅）和厨房的上层。仅设大便器的卫生间，门向外开时其面积不小于1.10m²，门向里开时面积不小于1.30m²。设置浴盆、脸盆、坐便器的卫生间面积应不小于3m²。

卫生间的设置应有防水、隔声和便于检修的措施。一般卫生间墙裙、地面用水磨石、马赛克、瓷砖等材料。地面应比其他房间低20～60mm，并设较大的排水坡度，使水不致溢出。

卫生间可间接采光，无条件间接采光时，可处理成暗厕，但应处理好排气通风。一般是在卫生间门扇下部留百页进风，墙内设拔气道或设通风井排风。无前室的卫生间的门不应直接开向起居室（厅）或厨房。

卫生间内视具体情况，设置手纸盒、肥皂盒、挂衣钩、毛巾架、镜面等，为用户提供更大的方便。卫生间布置见图6.12。

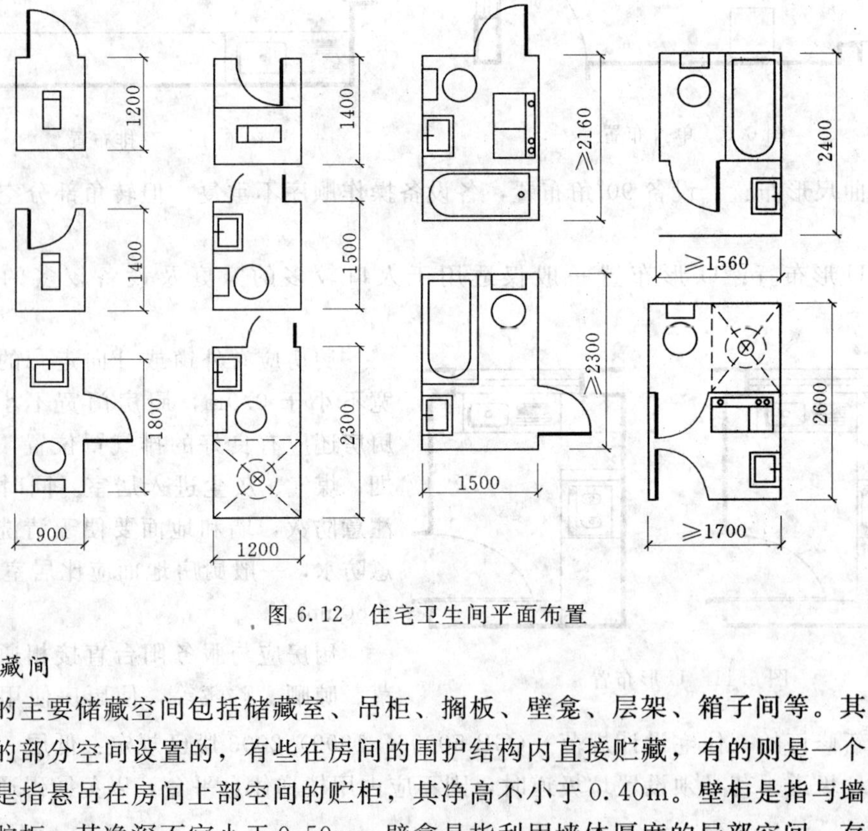

图6.12 住宅卫生间平面布置

5. 贮藏间

住宅的主要储藏空间包括储藏室、吊柜、搁板、壁龛、层架、箱子间等。其中有的是占有层间的部分空间设置的，有些在房间的围护结构内直接贮藏，有的则是一个小房间。

吊柜是指悬吊在房间上部空间的贮柜，其净高不小于0.40m。壁柜是指与墙体结合而成的落地贮柜，其净深不宜小于0.50m。壁龛是指利用墙体厚度的局部空间，存放日常用品的地方。在设计壁柜时，应注意壁柜的完整及门的开启方向及方式，尽量保证室内使用面积的完整，注意壁柜的防尘防潮及通风处理，存放衣物的壁柜底面应高出室内地面

50mm以上，靠外墙、卫生间、厕所的壁柜内部应采取防潮、防结露的构造措施。

6. 室内交通

适当设置户内过道，可减少房间的穿套，起到避免干扰、缓冲、隔声等作用。如果对户内过道的交通空间适当扩大并对门窗位置精心安排，使之有可能放下一张床或桌椅，则使这一空间由单纯交通空间，变成交通、居住、起居兼顾的综合空间，即称为前室（也可称为过厅、小方厅）。

设计户内过道及前室时应注意：

（1）户内交通路线应简捷便利，并能合理利用空间，布置必要的家具和贮藏设施。

（2）布置户内过道或前室时应根据不同地区特点考虑防风、防寒、隔热、遮阳及有利于户内通风等作用。

（3）户内过道的最小净宽，在入口处为1.2m，通向卧室、起居室的过道不应小于1m，通向辅助房间的过道不小于0.9m。

（4）居住前室的净空尺寸不宜小于1.8m×1.8m。

7. 阳台

楼层住户与大自然联系的媒介点是阳台。阳台按其使用性质可以分为生活阳台和服务阳台。生活阳台供居住部分使用，其主要功能是接受阳光、晾晒衣服、小憩、眺望和乘凉。服务阳台供辅助部分使用，其主要功能是作为辅助用房的辅助设施，如存放物品、点燃炉子等。

阳台按其设置方式分为挑阳台、凹阳台、半挑半凹阳台、转角阳台等几种，阳台的尺度视功能和构图要求而定。生活阳台的深度一般要求净宽不小于1.1m，方便人们眺望或放下坐椅休息。如考虑要放躺椅或折叠床，则要加大到净宽不小于1.2m。如考虑夏日在阳台进晚餐，则净宽要1.5m。阳台地面标高应低于室内楼面30～60mm，应有排水坡，地面雨水由泄水管排出。阳台栏杆高度不应低于1.05m，以保证安全。

8. 门窗

住宅门窗在通风采光以及室内交通中起着重要的作用，其布设必须根据功能空间的具体情况进行，面临走廊或凹口的窗，应避免视线干扰，向走廊开启的窗扇不应妨碍交通。居室门若在居室短边布设，宜靠一端布置，使短边剩余的墙段有可能放床，最好能横放下一张床。若在居室的长边布设，可在适中位置，使居室四角都可以布置床位或家具，这对窄长的横向居室尤为适宜。阳台门若为带窗门，可设在居中位置，留出两个外墙角布置床位或桌椅。若靠一侧设置，宜与居室门在同侧，以免室内穿行过长，减少室内使用面积。外窗窗台距楼面、地面的净高低于0.90m时，应设有防护措施。房间各部位门与家具布置关系示意图见图6.13～图6.16。

6.2.3.5 户型与单元组合

户型是供不同住户使用的成套住宅类型。确定户型应考虑两方面的因素：一是能适应不同家庭居住（家庭结构不同、职业不同、生活习惯不同、生活水平不同以及同一户家庭在人口结构、生活水平等方面的变化）。二是考虑住宅所在地的自然环境的影响，诸如气候、地形、地质、地震、绿化等。根据卧室、客厅（起居室）的多少，住宅户型有以下几种：

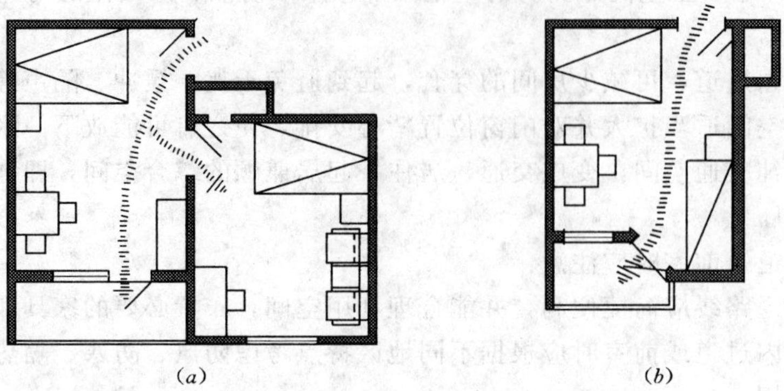

图 6.13 门的位置对家具布置的影响

（*a*）门的位置适当集中，留出较大的墙段和较宽的面积，有利于布置家具；（*b*）门的布置恰当，交通分隔的几个区域对家具布置有利

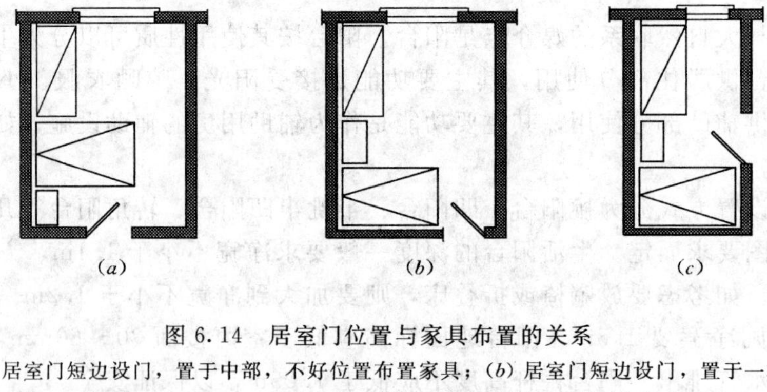

图 6.14 居室门位置与家具布置的关系

（*a*）居室门短边设门，置于中部，不好位置布置家具；（*b*）居室门短边设门，置于一端，有利于布置家具；（*c*）居室门长边设门，置于中部，有利于布置家具

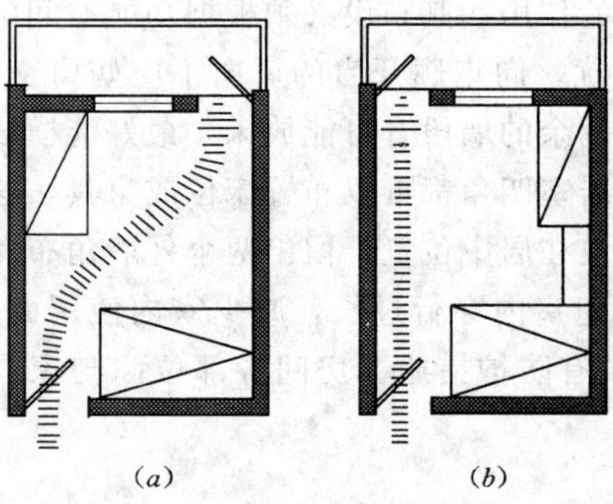

图 6.15 阳台门与家具布置的关系

（*a*）两个门对角布置，居室交通穿破，不利于布置家具；（*b*）两个门靠一边布置，居室面积完整，有利于布置家具

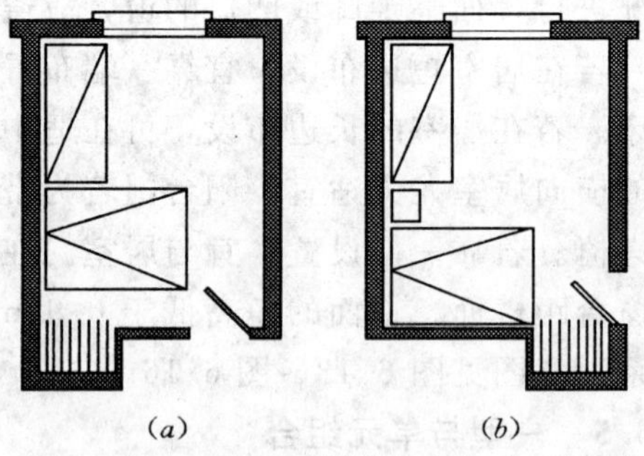

图 6.16 壁柜开口位置与家具布置的关系

（*a*）使用壁柜设专用空间，浪费面积，不好位置布置家具；（*b*）壁柜使用面积与交通面积合并，有利于布置家具

(1) 两室一厅：2间卧室、1间客厅。

(2) 两室二厅：2间卧室、1间客厅、1间餐厅。

(3) 三室一厅：3间卧室、1间客厅。

(4) 三室二厅：3间卧室、1间客厅、1间餐厅。

(5) 四室一厅：4间卧室、1间客厅。

(6) 四室二厅：4间卧室、1间客厅、1间餐厅。

个别情况下，有一室一厅、五室一厅、五室二厅等户型。

每套住宅中卫生间可设1～2间，凡卧室有3间及其以上间者，卫生间宜设两间。由几个相同或不同的户型相邻组合，由楼梯作为上下交通方式的户型即组成一个单元。每层中一般为两户或三户，即所谓一梯两户或一梯三户。个别情况下，也有一梯一户、一梯四户的组合。

1. 单元平面设计

(1) 一梯两户的单元平面设计。

1) 两室一厅与两室一厅的组合。

图6.17所示为两室一厅与两室一厅组合的单元平面之一。该设计以起居厅为全家活动和空间组织的中心，以两间卧室和卫生间之间设置一过渡空间，以减少直接开向起居厅门的数量，平面布置合理紧凑，公私分区明确。主卧室和客厅均朝南，利用北向浅凹口解决卫生间的通风采光问题。厨房设有脱排油烟机排烟道、煤气热水器排气孔，室外留有空调室外机搁板和冷凝水管道。

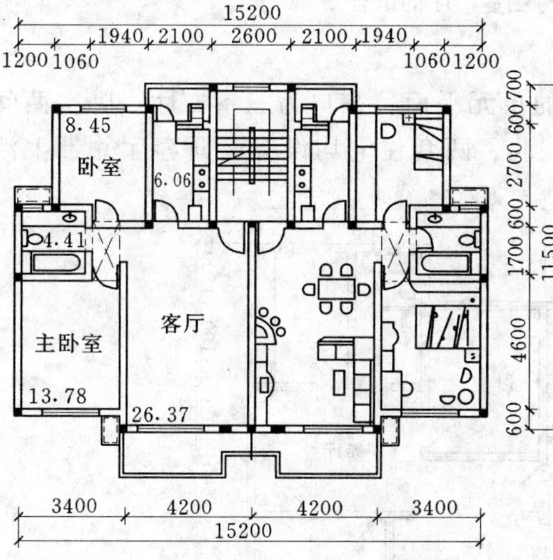

图6.17 两室一厅与两室一厅的组合（一）

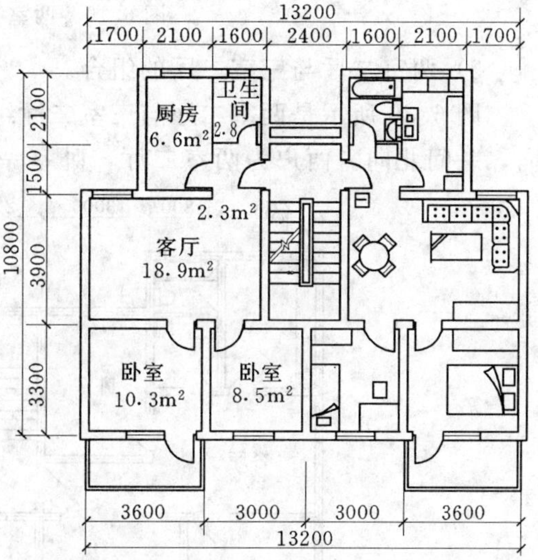

图6.18 两室一厅与两室一厅的组合（二）

图6.18所示是两室一厅与两室一厅组合的单元平面之二。室内空间围绕着客厅这一活动中心形成了睡眠、起居、炊事3个基本功能区。客厅将卧室、厨卫这两个不同功能的空间分开，功能分区明确，做到食寝分离、洁污分离和动静分离。在进户处设置了小门厅形成了一个缓冲空间，减少室外视线对室内的干扰，避免客厅直接对厨房和卫生间开门，

因此既增加了室内空间的私密性，也保证了客厅的完整性。

2）两室一厅与三室一厅的组合。

图 6.19 所示是两室一厅与三室一厅组合的单元平面，东户为三室一厅，两间卧室朝南向，一间卧室朝北向，客厅朝南向并设有生活阳台，厨房朝北向并设有服务阳台，卫生间也能直接采光和通风。西户为两室一厅，卧室一南一北，客厅与厨房、卫生间的设计与东户相同。该方案的两个户型，均有宽敞、明亮的客厅，户内采光、通风效果均好。

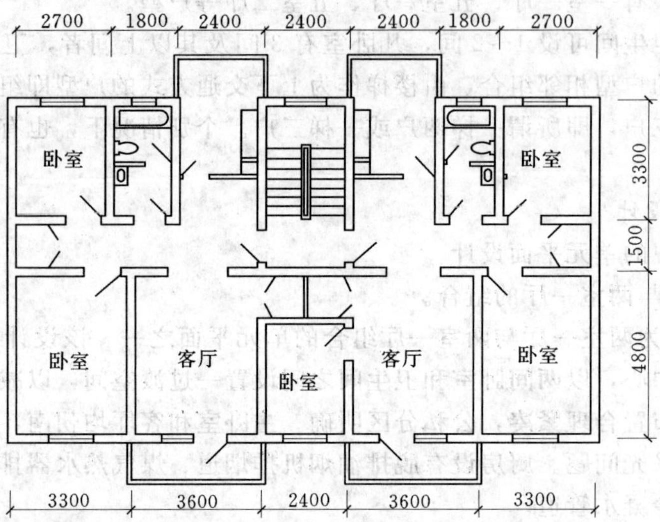

图 6.19 两室一厅与三室一厅的组合

3）两室二厅与三室二厅的组合。

图 6.20 所示是两室二厅与三室二厅组合的单元平面。东户为三室二厅，卧室两间南向，一间北向。西户为两室二厅，卧室一南一北。两套住宅均设有南向客厅并带生活阳

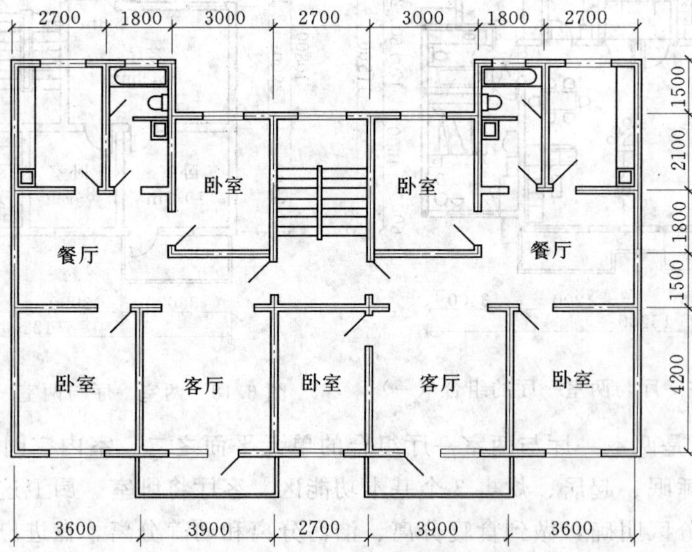

图 6.20 两室二厅与三室二厅的组合

台，餐厅居中，厨房、卫生间北向。平面布置紧凑，采光较好，面积利用率较高。

4）三室一厅与三室一厅的组合。

图 6.21 所示是两套三室一厅组合的单元平面。本设计将起居厅布置在所有房间的中心部位，与所有房间联系紧密又相互保持独立，方便使用，又减少了过道面积。卧室分大、中、小 3 个，其中，主卧室与次卧室均布置在南向，有充足的采光、日照，私密性程度高。北向布置一小卧室或作书房，由于与起居厅之间设置门厅作过渡空间，使学习和工作时不会受到干扰。

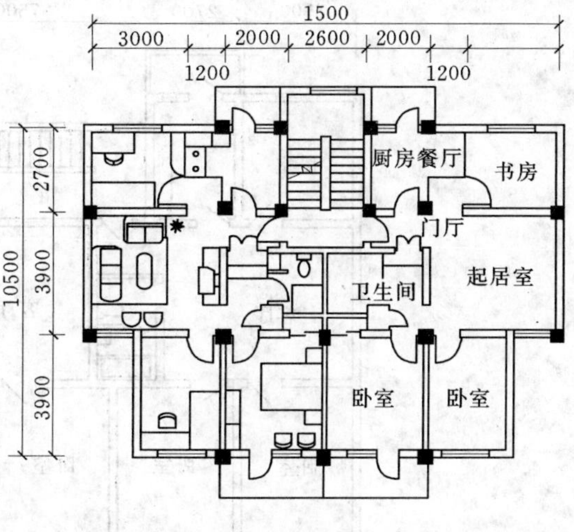

图 6.21 三室一厅与三室一厅的组合

5）四室二厅与四室二厅的组合。

图 6.22 所示是平面形式与布局不尽相同的两套四室二厅组合的单元平面。该设计方案中起居厅设置了与其他区域的隔离门，不仅可以减少噪声的干扰，也同时减少了视线干扰，增强了其他功能空间的私密性。卧室是具有较强私密性的个人活动场所，该方案在两卧室之间设组合家具作间壁墙，提高了使用面积系数。但应在家具背面衬以必要的隔声材料，以保障卧室的私密性。在大套型小康住宅中设有独立的书房不仅必要，而且完全可能。书房内除布置书橱、写字台外，还应有设置计算机的位置。主卫生间的设计是根据功能要求分设内、外间，能满足全部卫生行为的需要，次卫生间只满足便溺和洗手的需要。

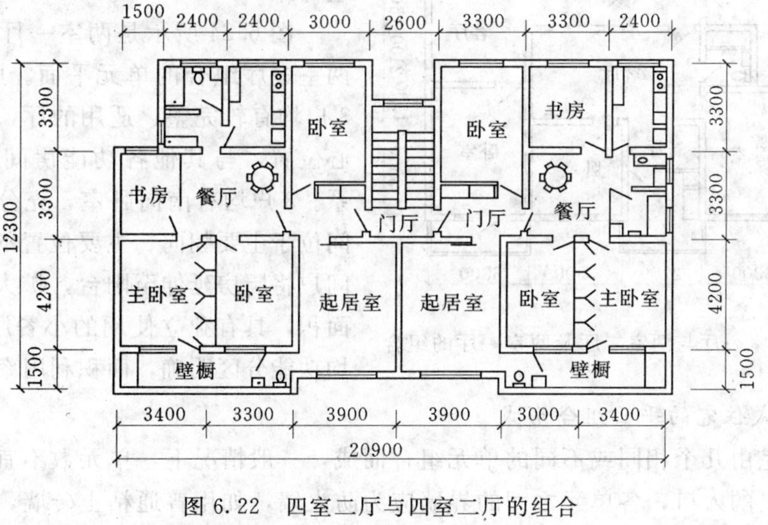

图 6.22 四室二厅与四室二厅的组合

（2）一梯三户的单元平面设计。

1）三室一厅与一室一厅及两室一厅的组合。

图 6.23 所示是三室一厅与一室一厅及两室一厅组合的单元平面。该设计方案，三户的主卧室均在南向，有充足的采光。每户均有较宽敞适用的起居厅，使家庭生活“闹”、

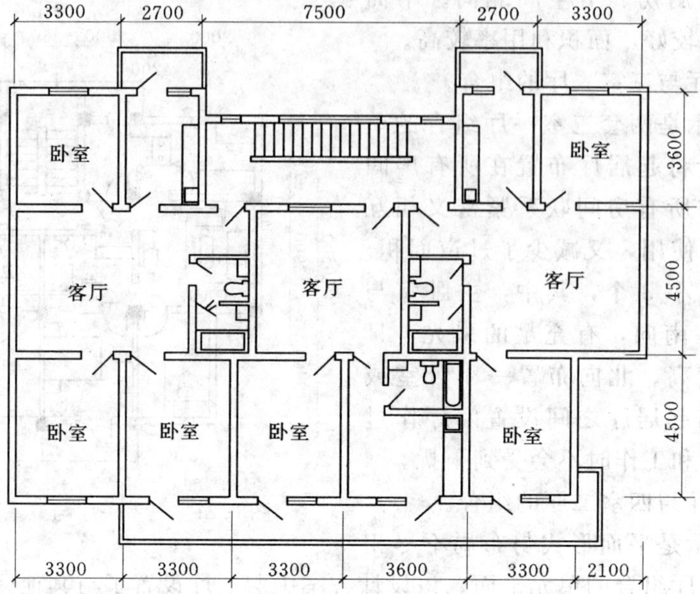

图 6.23　三室一厅与一室一厅及两室一厅的组合

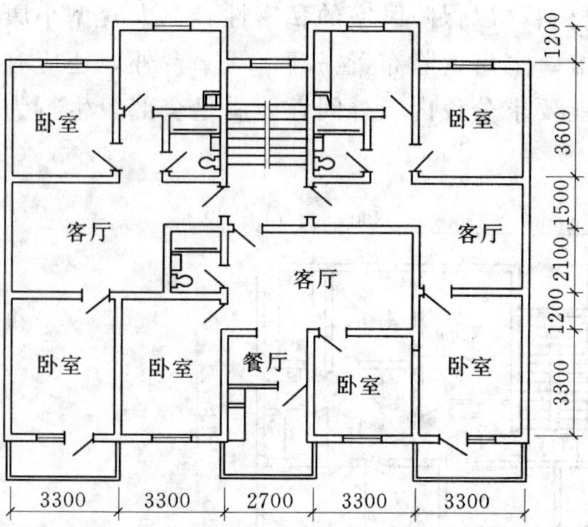

图 6.24　两室一厅与两室二厅及两室一厅的组合

"静"分离。东西两户北方向均有房间，所以室内通风良好。而中间户由于只有南向房间，所以室内通风效果较东西两户要差。

2）两室一厅与两室二厅及两室一厅的组合。

图 6.24 所示是两室一厅与两室二厅及两室一厅组合的单元平面。此设计方案中，3 户均有较完整、适用的厅，且位于户的中心位置，与其他各功能房间有着便利的联系。3 户均有南向卧室，充分体现了主要房间位于主要朝向、主要位置的设计思想。中间户将厨房延伸至阳台，扩大了户内的使用面积，具有独立使用的小餐厅。3 户的设计均功能分区明确，面积利用率较高。

2. 单元式住宅的平面组合形式

一幢住宅由几个相同或不同的单元组合而成，一般情况下，单元数不宜超过 6 个。各单元应有各自的入口，各单元之间的界墙应为防火墙，如用普通粘土砖墙，其厚度应不小于 240mm。住宅楼四周应留有通道，通道宽度应满足消防车通过。

单元组合的原则是：满足建设规模及规则要求、适应环境。

单元的组合方式通常有以下几种：见图 6.25 单元式组合方式。

（1）平直组合：体型简洁、施工方便，但不宜组合过长。

(2) 错位组合：适应地形、朝向、道路或规划的要求，但要注意外墙周长及用地的经济性，可用平直单元错拼或加错接的插入单元。

(3) 转角组合：按规划要求，要注意朝向，可用平直单元拼接，也可加插入单元或采用转角单元。

(4) 多向组合：按规划考虑，要注意朝向及用地的经济性，可用具有多方向性的一种单元组合，还可以户为单元，利用交通联系组成多方向性的组合体。

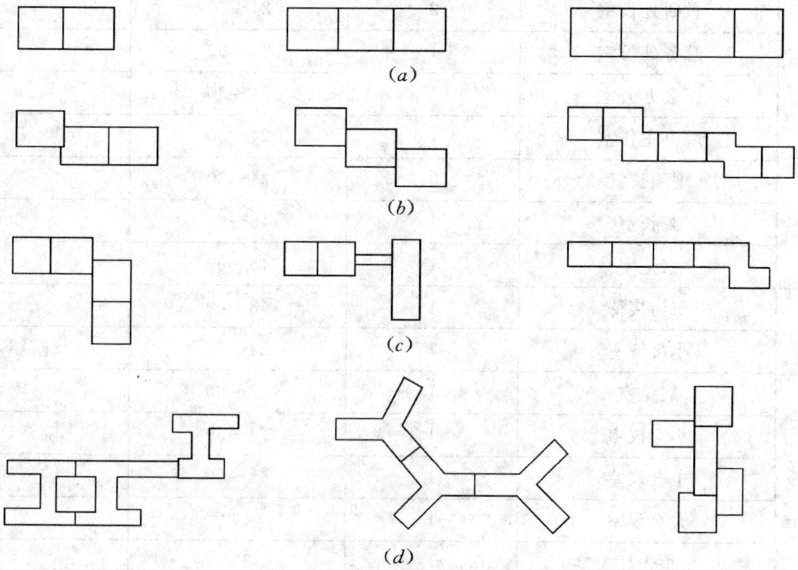

图 6.25 单元式组合方式

(*a*) 平直组合；(*b*) 错位组合；(*c*) 转角组合；(*d*) 多向组合

6.3 某学校办公楼设计

6.3.1 设计任务书

6.3.1.1 目的和要求

通过课程设计培养学生执行国家标准、规范和行业、地方标准、规程，运用设计图册、绘制建筑工程图纸以及编写设计文件等技能。使学生具有综合运用基础知识和专业理论知识的能力，能够进行一般工程建筑施工图设计。

6.3.1.2 设计条件

(1) 建设地点：学校位于城市新建大学城内，地段情况见图 6.26。

(2) 房间名称和使用面积（见表 6.4）。

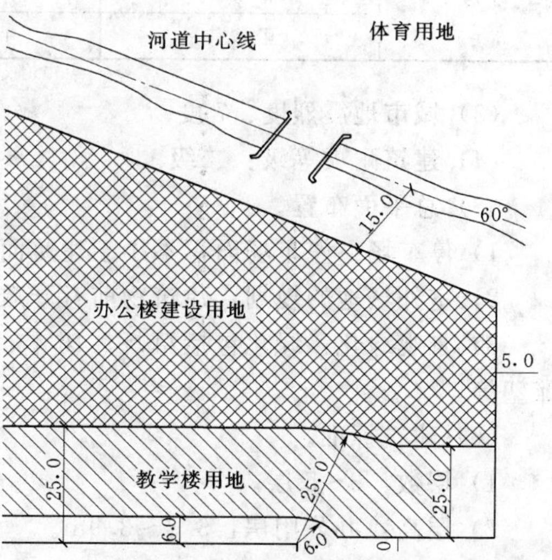

图 6.26 办公楼所在地

表 6.4　　房间名称和使用面积

房间名称		间数	每间使用面积 (m^2)	备注
办公用房	普通办公室	16	24～30	
	团委	2	24～30	
	学生处室	2	24～30	
	教研处长室	2	24～30	
	总务处长室	1	24～30	
	工会办公室	1	24～30	
	院办主任室	1	24～30	
	副院长室	3	24～30	
	院长室	1	48～60	
	书记室	1	48～60	
公共用房	来访接待	1	48～60	
	小接待室	1	24～30	院领导接待室
	展览室	1	48～60	
	小会议室	1	24～30	院领导会议使用
	中会议室	1	48～60	院领导会议使用
	大会议室	1	100	
	报告厅	1	200	
	厕所		按规定标准计算	
服务用房	消防中心兼管理	1	48～60	也可在总平面考虑
	医务室	1	48～60	
	资料室	1	24～30	
	打字复印室	1	24～30	
	贮藏室	1	24～30	

(3) 城市地震烈度：7度。

(4) 建筑耐火等级：二级。

(5) 总平面布置。

1) 停车场：停车场面积不小于建筑面积15%，且不大于空地40%。

2) 室外场地的规划：建筑物前有开敞场地、活动场地、停车及回转场地。

3) 景观绿化：绿化包括草坪、树木、花坛等；建筑小品指亭廊构架、水池、喷泉、雕塑等。

(6) 建筑标准。

1) 层数：3～5层。

2) 层高：办公用房：3.3～3.9m。

报告厅：7.5～7.8m。

3）耐火等级：二级。

4）结构型式：框架结构或砖混结构。

6.3.2 设计内容及图纸要求

6.3.2.1 设计内容

用仪器绘制A2图纸3～5张，完成下列内容：

(1) 平面图：各层平面，比例1∶100。

1）确定各房间的形状、尺寸及位置，注明房间名称。

2）确定门窗的位置大小，表示门的开启方向。

3）表示楼梯的踏步、平台及上下行指示线。

4）厕所给出卫生器具布置。

5）标注各部分尺寸：外部尺寸：即总尺寸、轴线尺寸、墙段和门窗洞口尺寸。
内部尺寸：内部墙段、门窗洞口、墙厚等细部尺寸。

6）标注楼面标高。

7）标注定位轴线及轴线编号、门窗编号、剖切符号、指北针和详图索引符号等。

8）注写图名和比例。

(2) 剖面图：1～2个，比例1∶100。

1）剖切到的构件以双粗线表示，钢筋混凝土部分涂黑表示，可见部分以细实线表示。

2）确定各主要部分的高度和分层情况，以及主要构件的相互关系。

3）标注建筑总高度、层高以及门窗洞口和窗间墙等细部尺寸。

4）标注主要轴线及编号、详图索引符号，注写图名和比例。

(3) 立面图：主要立面和侧立面，比例1∶100。

1）表示建筑外形以及门窗、雨篷、外廊等构配件的形式和位置，注明外墙饰面材料和做法。

2）标注边轴线及编号，注写图名和比例。

(4) 屋顶平面图：比例1∶100或1∶200。

1）表明各坡面交线、檐沟或女儿墙和天沟、雨水口、屋面上人孔等位置，标注排水方向和坡度。

2）标注屋面标高（结构上表面标高），标注屋面上人孔等突出屋面部分的有关尺寸。

3）标注各转角处的定位轴线及编号。

4）外部标注两道尺寸（即轴线尺寸、雨水口到邻近轴线的距离或雨水口的间距）。

5）标注详图索引符号，注写图名和比例。

(5) 详图：2～4个，比例自定。

表示节点的构造关系，标注有关细部尺寸、标高、轴线编号以及构造做法等。

6.3.2.2 图纸要求

图纸首页：设计说明、门窗表、图纸目录和工程做法表。

(1) 设计说明主要包括工程概况、设计依据和工程做法表中没能表明的构造做法等。

(2) 门窗表中的内容有编号、名称、洞口尺寸［宽×高（mm）］、数量和备注等。

(3) 图纸目录主要说明一套图纸的数量、规格和各张图纸的内容等。

（4）工程做法表主要表明建筑各构件的做法、采用标准图集号和使用部位等。

6.3.3 设计步骤与方法

学校行政办公楼一般由办公用房、公共用房和服务用房组成。在进行办公楼的建筑设计时，除了要遵守国家有关设计标准、规范和规定外，还要结合总体规划的要求，对以上各部分的大小、体型、朝向、室内设施、结构形式及房间组合等方面进行综合考虑，恰当地处理好功能、技术与艺术三者的关系。

6.3.3.1 房间的设计

1. 办公用房

办公用房是办公建筑的主要内容。由于使用性质不同，空间形式、大小和内部设施安排的设计要求也不尽相同，学校行政办公用房一般根据办公性质不同，办公部门不同进行划分，可分为普通办公室、团委、学生处长室、教研处长室、总务处长室、工会办公室、院办主任室、副院长室、院长室、书记室和值班室等。

（1）平面形状的确定。

确定办公楼的平面尺寸，除了要满足使用要求、用地条件、结构选型等情况的要求，还需考虑采光、通风组织、为今后改造和灵活分隔创造条件。常见的平面形式有：矩形、方形、多边形等。常用的平面形状为矩形，矩形平面便于布置家具，提高房间的利用率，平面组合更灵活，结构简单，施工方便，有利于建筑构件标准化。矩形平面的长宽比为1∶1～1∶2，最好能在1∶1.5左右。

（2）平面尺寸的确定。

房间的面积主要受房间的使用特点、使用人数和家具设备多少等因素的影响。

使用空间面积的计算公式为：使用空间面积＝家具设备及使用所需面积＋人们活动所需面积＋交通面积。

计算空间的边长公式为：空间的边长＝使用活动所需空间边长＋家具设备边长＋家具设备间隙。各办公室的面积指标参考表6.4中的规定。

根据办公设备的排列方式不同，常用的开间：3000mm、3300mm、3600mm、3900mm、4000mm、6000mm、6600mm、7200mm；常用的进深：4800mm、5400mm、6000mm、6600mm、7200mm、9600mm、12800mm等。

（3）办公室的朝向。

我国幅员辽阔，各地气候、日照均有差异，办公建筑对朝向的要求要结合当地气候等自然条件和能源、经济、卫生环境等多方面因素考虑，办公室宜有良好的朝向和自然通风。

（4）办公室的布置。

办公室宜布置成单间式或公寓式的。单间式办公室指一个开间（亦可以两个开间和三个开间）和进深为尺度而隔成的办公室，一般是双面或单面布置形式，像普通办公室、团委、学生处、各部门负责人办公室，副院长室和值班室可采用这种布置方式，如图6.27所示。公寓式的办公室指根据需要确定一种或数种平面尺寸组成带卫生间、卧室和会议室的办公形式，像院长室和书记室，如图6.28所示。

2. 公共用房

学校行政办公建筑中公共用房包括来访接待、展览室、小接待室、大会议室、中会议

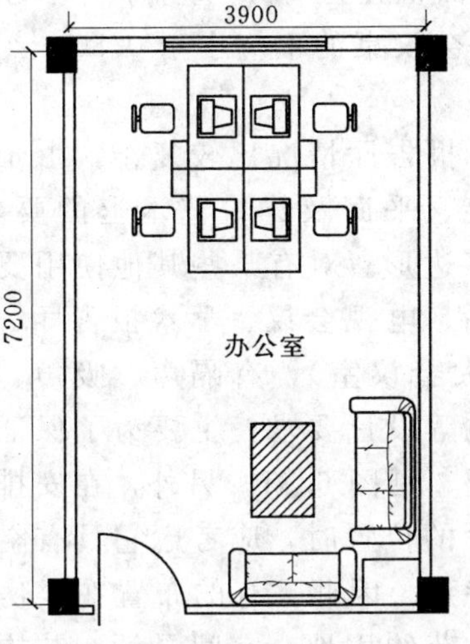

图 6.27　单间式办公室

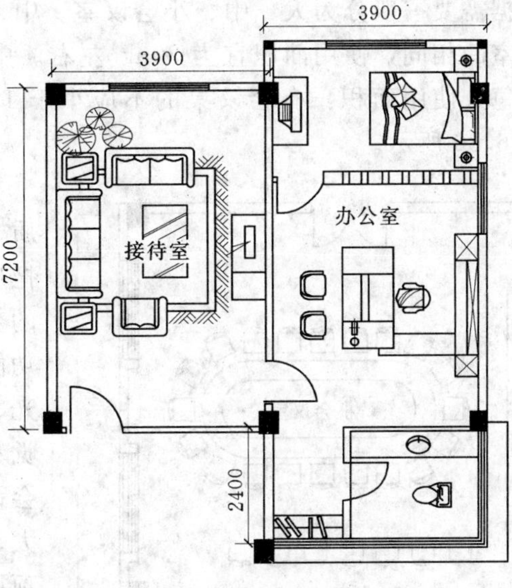

图 6.28　公寓式的办公室

室、小会议室、报告厅和厕所等。公共用房应根据办公性质、规模及使用需要设置。一般应具有实用、方便、有利于安全疏散等要求，并对设于其中的特殊设施能提供保护措施。

(1) 接待室。

接待室是办公建筑内部工作人员接待外来人员的场所。接待室的位置和室内布置需根据对不同来访者采用不同的接待方式。一般分为集中式和分散式的接待。集中式接待室多设于门厅附近，方便管理、流线短捷、安全性高。分散式接待室则设于各楼层相应部门以方便使用。像小接待室，为院领导接待宾客用的，布局上接近院领导办公室位置，布置上设置专用茶具间、卫生间和储藏间等，如图 6.29 所示。

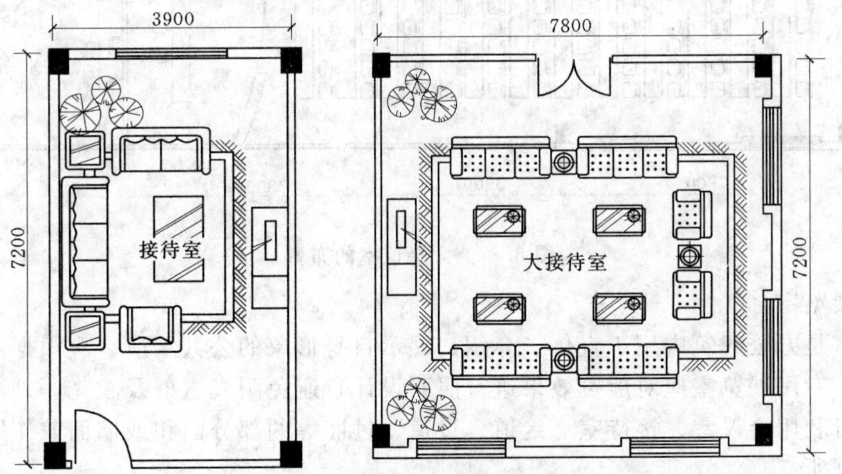

图 6.29　接待室平面布置

(2) 会议室。

会议室是办公建筑内办公人员经常用以交流信息、组织商讨、决策办公的场所。会议室根据需要一般分为大、中、小会议室。中、小会议室可分散布置，其开间和进深一般与办公室的相同，使用面积宜为 $30m^2$ 左右。中会议室使用面积宜为 $60m^2$ 左右；中、小会议室每人使用面积：有会议桌的不应小于 $1.8m^2$/人，无会议桌的不应小于 $0.80m^2$/人，如图 6.30 所示。

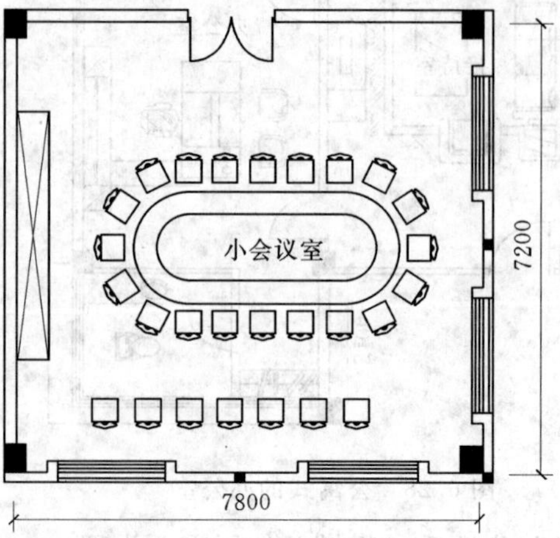

图 6.30 中、小会议室的布置

大会议室、报告厅情况比较复杂，由于音质、视线、功能、平面及建筑艺术上的要求，把房间设计成多边形。对有某些其他使用要求的会议室（电话、电视会议、学术报告厅、多功能厅和高级大会议室），有隔声、吸声、遮光、平面长宽比等设计要求，主要为了保证听觉和视觉的需要，见图 6.31。另外，在安排大会议室和报告厅的位置时，应考虑它具有空间大、人数多的特点。因此，有的布置在楼房的顶层，其优点是节约用地、空间灵活、结构合理及不干扰办公区等；缺点是上下不便，若处理不好甚至会影响中间层环境的安静和正常的活动。也有将会议室或报告厅放在底层，其部位可设在建筑物门厅的后部或建筑物底层的尽端。

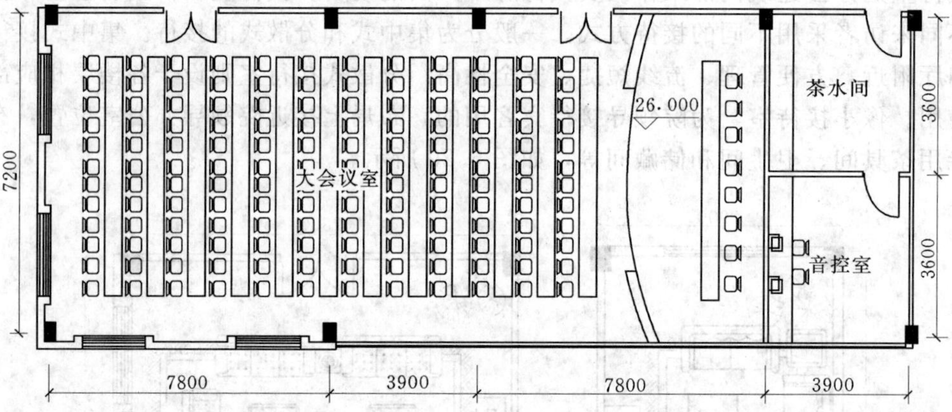

图 6.31 大会议室的布置

(3) 展览室。

展览室是办公建筑内用于宣传、介绍、展示自身形象的公共场所。应根据需要和使用要求设置，专用展览室应对展览效果进行照明设计，避免阳光直射及眩光，外窗宜设避光设施。也可利用会议室、接待室、走道、过道、过厅等的部分面积或墙面兼作展览空间。

(4) 厕所。

厕所是办公建筑内比较重要的生活空间。应力求清洁、明亮和方便。厕所距离最远的工作点不应大于 50m。应设前室，前室内可布置洗手盆外，还能避免厕所直接对外，阻挡视线和臭气外溢。有些男女厕所在入口处有一缓冲间（与走道等有一个过渡小间），在此情况下也可以不设前室而把洗手盆与厕所合设一间，如图 6.32 所示。

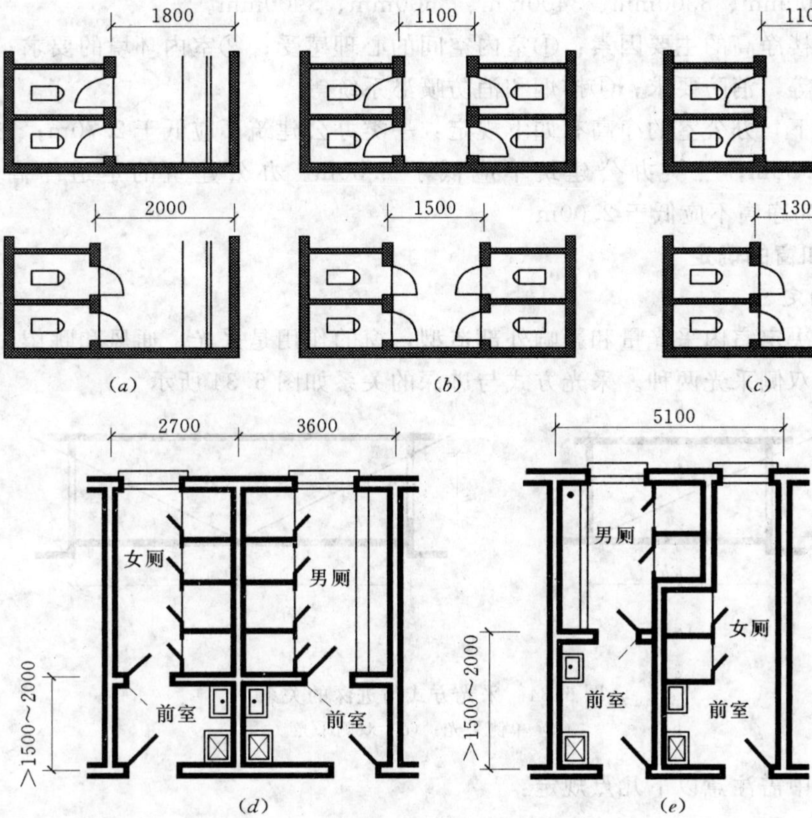

图 6.32　厕所布置形式

6.3.3.2　层高的确定

层高：指该层楼地面到上一层楼面之间的距离。净高：是指楼地面到结构层（梁、板）底面或顶棚下表面之间的距离，如图 6.33 所示。

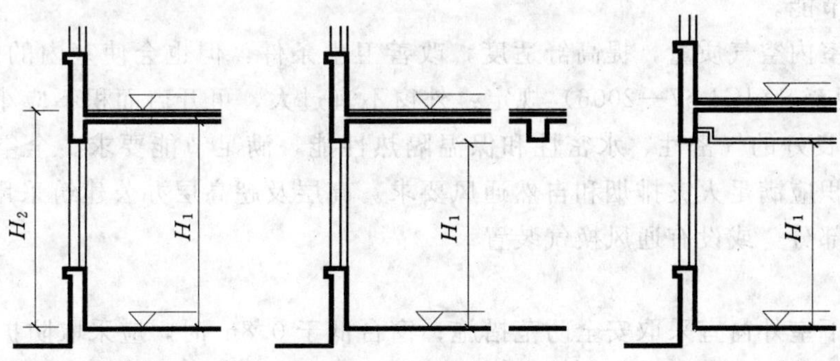

图 6.33　净高和层高

H_1—净高；H_2—层高

办公楼的层高主要由使用要求所需的净高和安装吊顶后吊顶内部的高度决定的。常用的层高有：3000mm、3300mm、3400mm、3600mm、3900mm。

影响办公楼净高的主要因素：①室内空间的心理感受；②室内环境的要求；③自然采光、自然通风等，消防要求；④排烟和消防喷淋系统等。

一般情况下，办公室的净高有如下规定：一类办公建筑不应低于2.70m；二类办公建筑不应低于2.60m；三类办公建筑不应低于2.50m。办公建筑的走道净高不应低于2.20m，贮藏间净高不应低于2.00m。

6.3.3.3 门和窗的确定

1. 窗的确定

窗的形式决定室内采光量和影响外部造型，窗的作用是采光、通风和眺望，采光方式有单侧采光和双侧采光两种。采光方式与进深的关系如图6.34所示。

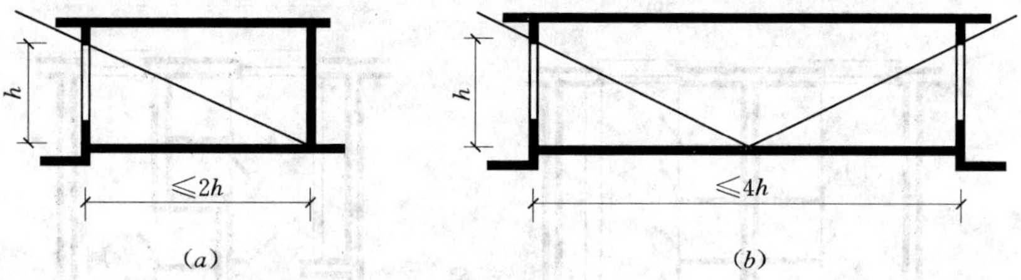

图6.34 采光方式与进深的关系

(a) 单侧采光；(b) 双侧采光

窗在设计中需注意以下几点规定：

(1) 采光。

窗的大小主要取决于室内采光的要求，利用窗地比来估算窗的面积大小。

窗地比是指窗的透光面积与房间地板面积的比值。根据规范规定，办公楼的窗地面积比一般取1/4～1/6，通常办公楼的窗户宽为1500～3000mm；高为1800～2700mm；窗的位置要使室内照度均匀。

(2) 通风与节能。

通风能改善室内空气质量，提高舒适度，改善卫生条件，但也会使室内的能量流失。《办公建筑设计规范》(JGJ 67—2006) 规定：外窗不宜过大，可开启面积不应小于窗面积的30%，并应有良好的气密性、水密性和保温隔热性能，满足节能要求。全空调的办公建筑外窗开启面积应满足火灾排烟和自然通风要求。高层及超高层办公建筑采用玻璃幕墙时必须有可开启部分，或设有通风换气装置。

(3) 防护。

底层及半地下室外窗宜采取安全防范措施；窗台低于0.8m时，应采取防护措施。

2. 门的确定

门的主要作用是交通，兼有通风作用。门的开启方式与具体位置、使用要求、分扇状况和安全要求有密切关系。门的设计应考虑出入便捷、疏散迅速、开启方便。门的数量和宽度应满足适用和安全两方面的要求。机要办公室、财务办公室、重要档案库、贵重仪表间和计算机中心的门应采取防盗措施，室内宜设防盗报警装置。

在设计时应注意以下几个问题：

(1) 门的数量主要取决于空间的容量、人流活动的特点及与其他空间的联系；空间≥$60m^2$ 或人数≥50 人，须设两个或两个以上的出口；人数特别多的空间，应按每 100 人 0.6m 计算门的总宽度，并适当分配。

(2) 门的位置应便于布置家具，人流路线短，提供空间利用率。多个门时，宜均匀分布，以保证通行方便，疏散安全，避免碰撞及阻挡。

(3) 门的形状主要考虑使用方便及造型美观。

(4) 门洞的尺寸取决于通行与安全要求，单人或单股通行：宽为≥1.0m，高≥2.1m；多股人流通行：宽≥1.2m，高≥2.1m；物品通行：适当加宽、加高。

(5) 门的分扇方式应根据其尺寸和使用要求，选择门洞宽超过 1.0m，应分双扇或多扇。

(6) 疏散门的开启方向、首层疏散外门的净宽度和总宽度均应按现行《建筑设计防火规范》的要求设计。

3. 隔声要求

控制室内噪声是办公室室内环境设计中不容忽视的一个重要方面。现行的《办公建筑设计规范》规定：办公用房、会议室、接待室等允许噪声级不应大于 55dB（A 声级）。电话总机房、计算机、打字室、阅览室等允许噪声级不应大于 50dB（A 声级）。电梯井道及噪声的设备机房，不宜与办公用房、会议室贴邻，否则应取消声、隔声、减振等措施。

6.3.3.4 交通联系部分的设计

办公楼交通空间的功能要求：有足够的通行能力；交通路线简捷顺畅、疏散安全；空间利用率高；造型美观；经济合理。建筑物内部的交通联系部分可分为：水平交通空间，联系同一标高的空间，如走道等；垂直交通空间，联系不同标高的空间，如楼梯及其所占空间、自动扶梯及其所占空间、电梯系统及其所占空间（电梯井、候梯厅、电梯机房）、台阶、坡道及其所占空间等；枢纽交通空间，用于不同交通方式及空间的转换过渡的空间；如门厅、过厅等。

1. 门厅

门厅作为建筑物的主要出入口，主要作用是接纳、分配人流及联结各方面的交通（过道、楼梯等）。办公楼建筑中门厅设计是一个重点处理的部位，门厅是整个建筑的中心枢纽，同时也是接待来访人员办理手续或等候的地方，所以必须将出入口部分的门厅、楼梯间、收发室、传达室和接待室等综合地进行组织安排，才能使其具有疏散安全、导向明确和布局整体统一的效果，如图 6.35 所示。

空间组合常用的形式有两种。一是对称式布局：将主要出入口及门厅布置在整个建筑的中央部位，将次要出入口及门厅安排在对称轴两侧的部位。有的办公建筑分成两个等同的交通枢纽，并将它们布置在对称轴的两侧，如图 6.36 (*a*) 所示。二是不对称布局：将交通枢纽布置在整个建筑集散人流比较集中的部位，如图 6.36 (*b*) 所示。

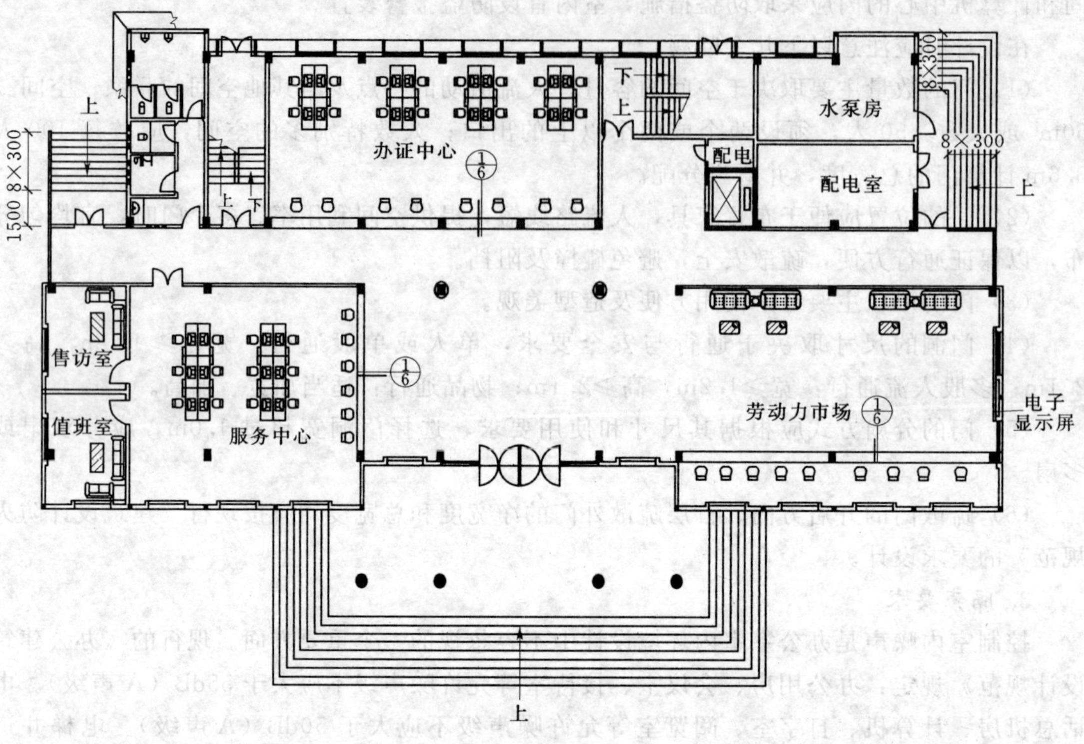

图 6.35 办公楼门厅举例

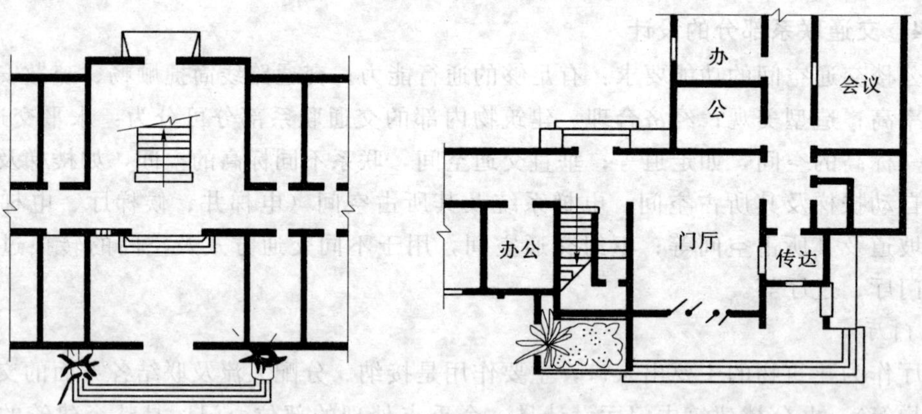

图 6.36 门厅空间组合形式

(a) 对称式布局；(b) 不对称式布局

2. 走道

走道是水平交通联系空间，在设计时须注意它的宽度、长度、采光和通风。

(1) 走道的宽度。

走道的宽度和长度主要根据人流和家具通行、安全疏散、防火规范、走道性质、空间感受等来综合考虑。为了满足人的行走和紧急情况下的疏散要求，我国《建筑设计防火规范》规定低层办公楼建筑的疏散走道、楼梯、外门的各自总宽度不应低于表6.5所示指标。

表6.5　楼梯、门和走道的宽度指标

宽度指标（m/百人）耐火等级 / 层数	一、二级	三级	四级
一、二层	0.65	0.75	1.00
三层	0.75	1.00	
≥四层	1.00	1.25	

（2）走道的长度。

走道的长度应根据建筑性质、耐火等级及防火规范来确定。按照《建筑设计防火规范》的要求，最远房间出入口到楼梯同安全出入口的距离必须控制在一定的范围内，表6.6。

表6.6　房间门至外部出口或封闭楼梯间的最大距离

名　称	位于两个外部出口或楼梯之间的房间			位于袋形走道两侧或尽端的房间		
	耐火等级			耐火等级		
	一、二级	三级	四级	一、二级	三级	四级
托儿所、幼儿园	25	20		20	15	
医院、疗养院	35	30		20	15	
学校	35	30	25	22	20	
其他民用建筑	40	35	25	22	20	15

注　敞开式外廊可增加5m。

（3）走道的采光和通风。

走道的采光和通风主要依靠天然采光和自然通风。内走道一般是通过直接和间接采光，如走道尽端开窗，利用楼梯间、门厅或走道两侧房间设高窗来解决。

3. 楼梯

楼梯的设计要满足使用方便、疏散安全的要求。它的设计原则是根据人流量、防火规范等要求确定，如图6.37所示。

6.3.3.5　办公楼平面组合设计

完成使用部分平面设计的工作之后，就可以着手进行平面的组合设计。建筑平面组合设计就是将建筑平面中的使用部分、交通联系部分有机地联系起来，使之成为一个使用方便、结构合理、体型简洁、构图完整、造价经济及与环境协调的建筑物。

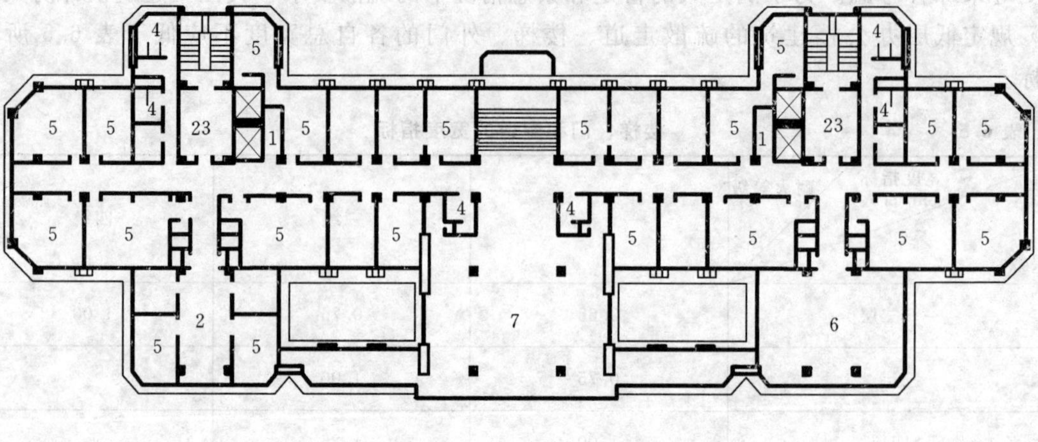

图 6.37 楼梯间形式举例

1. 分析功能

首先，将办公楼内的房间功能逐一分析，确定房间的主次关系、内外关系、联系与分隔等关系，画出功能分析图（见图 6.38），做到流线组织明确。

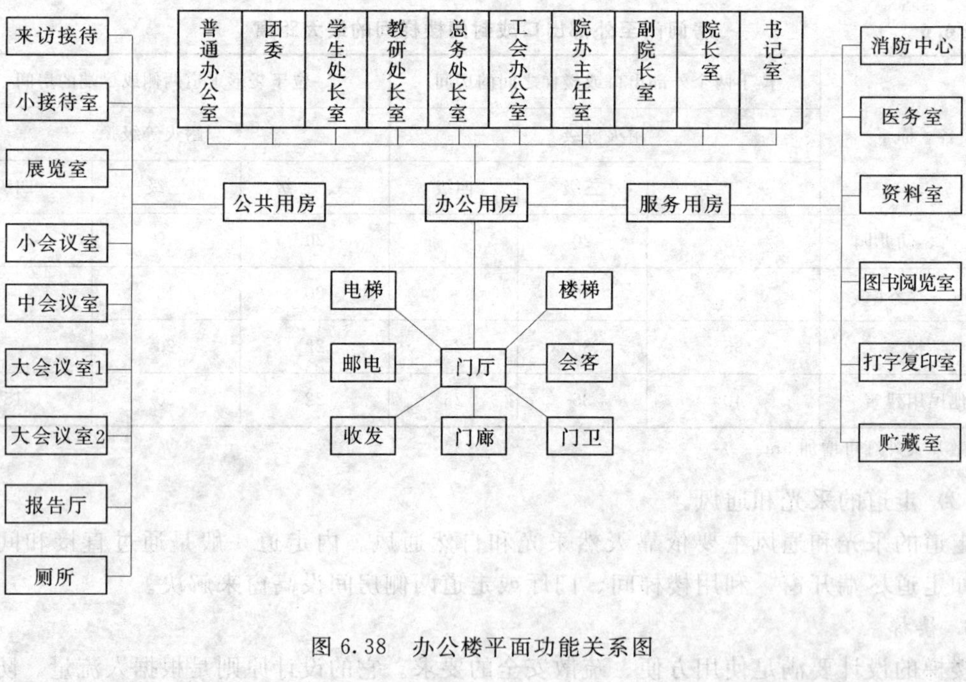

图 6.38 办公楼平面功能关系图

2. 学校行政办公楼平面组合方式

学校行政办公楼常用的平面组合方式有三种：单外廊式、内廊式和外廊与内廊相组合的平面组合形式。这种走廊式平面组合方式能保证：办公室的房间门直接开向走道，通过走道相互联系；各办公室不被交通穿越，能较好地保持相对独立性；各房间有直接的天然采光和通风，结构简单，施工方便等优点（见图 6.39）。

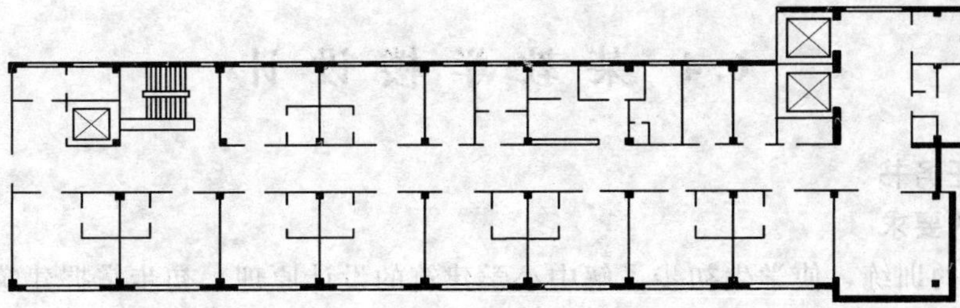

(a)

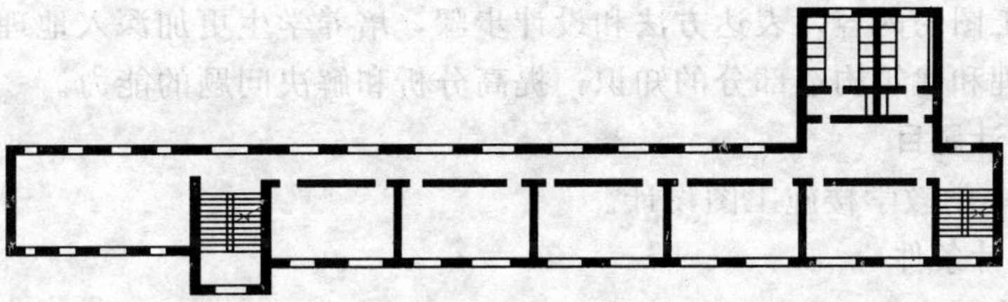

(b)

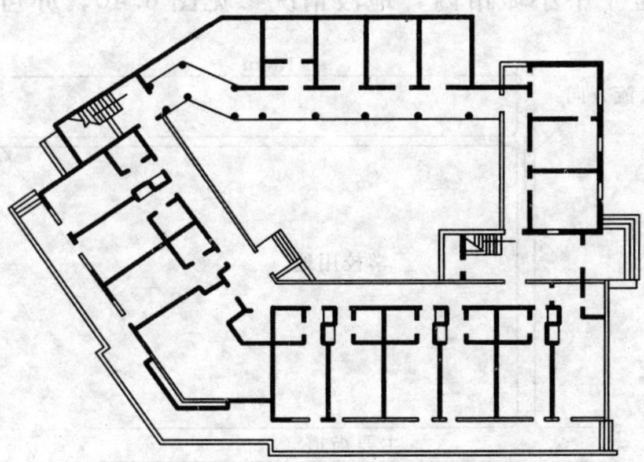

(c)

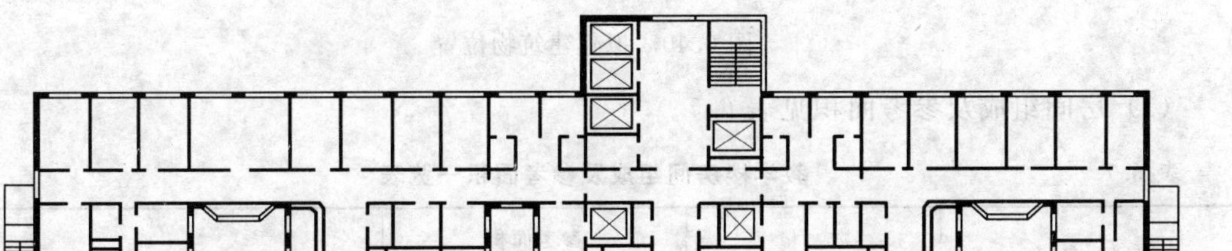

(d)

图 6.39 走廊式组合建筑平面示例

(a) 中间走廊；(b) 单内廊；(c) 单外廊；(d) 双走廊

6.4 某教学楼设计

6.4.1 设计任务书

6.4.1.1 目的要求

通过本章的训练，使学生初步了解中小学建筑的设计原理，初步掌握建筑设计的基本方法和步骤，进一步训练和提高绘图技巧，施工图设计是在初步设计基础上的深入，帮助学生熟悉施工图的内容，表达方法和设计步骤，培养学生更加深入地理解中小学教学楼建筑的设计原理和建筑构造部分的知识，提高分析和解决问题的能力。

6.4.1.2 设计题目

24个班中学教学楼施工图设计。

6.4.1.3 设计条件

（1）建筑面积3500m^2左右，设24个班，每班按45人计算。

（2）拟建建筑物位于中小城市内，地段情况参见图6.40，亦可自己另选地段。

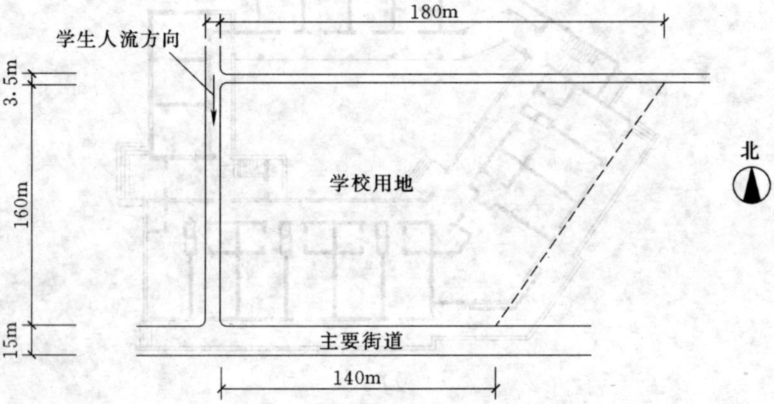

图6.40 拟建建筑物位置

（3）房间组成及参考面积见表6.7。

表6.7 教学楼房间组成及参考面积一览表

房间名称	数量（间）	参考面积（m^2/间）	备注
普通教室	24	54～60	
实验室	3	75～85	物理、化学、生物
仪器准备室	3	45	
合班教室	3	90	供两个班使用
音乐教室		54～60	
语音教室	2	73～80	
计算机房及附房	1	140	

续表

房间名称	数量（间）	参考面积（m^2/间）	备注
教学办公室	7～9	15～20	
行政办公室	6～8	15～20	
教师休息室		15～20	每层均设
体育器材室及办公室	3	20	
厕所		按男女比例各半	每层均设
其他用房			

（4）总平面布置考虑。

1）教学楼：占地面积按设计。

2）传达值班室：$20m^2$。

3）食堂：$140m^2$。

4）单身教职工宿舍：$100m^2$。

5）开水房：$25m^2$。

6）汽车库：$60m^2$。

7）自行车棚：$90m^2$。

8）运动场地：设250～400m环形跑道（两组100m直跑道）的田径场1个，篮球场2个，排球场1个。

9）绿化用地（包括成片绿地和室外自然科学园地）：按每个学生不小于$1m^2$计算。

（5）建筑标准。

1）层数：1～5层。

2）层高：教学用房3.6～3.9m。

办公用房3.0～3.3m。

3）耐火等级：二级。

4）结构型式：砖混结构（可局部采用框架）。

5）卫生标准：设室内厕所（水冲式），教职工厕所与学生厕所分设，男女学生比例1∶1，厕所卫生器具数量指标应符合下列规定：女生按每25人设一个大便器（或1100mm长大便槽）计算，男生按每50人设一个大便器（或1100mm长大便槽）和1000mm长小便槽计算，每90人设一个洗手盆（或600mm长盥洗槽），厕所内应设污水池和地漏。

6.4.2 设计内容和图纸要求

6.4.2.1 设计内容

施工图设计包括以下几方面：

1）教学楼各层平面图：比例为1∶100。

2）立面图：主要立面图及侧立面图，比例为1∶100。

3）剖面图：1～2个，比例为1∶100。

4）屋面详图：比例为1∶200。

5）各构造详图：墙身节点详图，楼梯详图、门窗详图等其他构造详图，可根据设计时间选择绘制。

6.4.2.2 设计深度

1. 平面图

(1) 标注建筑纵横向定位轴线及其编号。

(2) 标注建筑各部分尺寸，外部尺寸分3道尺寸线，表示总尺寸、轴线尺寸及窗间墙尺寸；标注内墙厚度，洞口位置及大小、墙上预留孔洞的位置、洞顶标高、底层室外踏步、台阶、散水等。

(3) 标注各层标高及室外地坪标高。

(4) 标注门窗编号。

(5) 画各教室、实验室里黑板、讲台的位置。

(6) 标注剖切符号（只在底层平面图上标注）及详图索引符号。

(7) 标注房间名称、图名、比例。

2. 立面图

(1) 表明建筑外形、门窗、雨篷、外廊或阳台及雨水管的形式与位置。

(2) 标注各主要部位的标高和尺寸。

(3) 注明外墙材料及作法，饰面分格线、立面细部详图索引符号。

(4) 标注立面名称及比例，立面名称可用所表示立面的首尾轴线表示。

3. 剖面图

(1) 表明建筑内各部位的高度关系，标三道尺寸，表示建筑总高，层间尺寸及门窗洞及窗下墙尺寸。

(2) 标注楼地面、室外地坪、门窗洞口、雨篷底及楼梯平台等处的标高。

(3) 标注节点详图索引号。

(4) 标注楼地面，屋顶构造作法。

(5) 标注内、外墙和柱的轴线及其间距。

(6) 标注剖视图名称、比例。

4. 屋顶排水图

本次设计为平屋顶，防水方案为柔性防水屋面或刚性防水屋面，并根据当地气候条件考虑作保温层或隔热屋顶，设计内容及深度如下：

(1) 标注各转角部位定位轴线及其间距。

(2) 标注四周的出檐尺寸及屋面各部分标高（屋面标高一律标注结构层标高）。

(3) 标注屋面排水方向、坡度及各坡面交线、檐沟、泛水、出水口、水斗等的位置，如果屋面防水层上有隔热或保温覆盖层，屋顶平面仍应主要表现防水层构造，而覆盖层只给出局部图形即可。

(4) 标注屋面上人孔、女儿墙等的位置尺寸。

(5) 标注图名及比例。

5. 各构造详图

可参阅前面章节墙身构造设计及楼梯构造设计的内容等。

6. 总平面图

比例 1∶500 或 1∶1000。

7. 方案说明及主要技术指标

(1) 方案说明：简要说明方案特点等。

(2) 主要技术指标：总建筑面积、平均每位学生占建筑面积、平均系数 K＝使用面积/建筑面积（使用面积为各房间使用面积之和）。

6.4.3 设计步骤与方法

学校建筑设计时在特定环境下的建筑设计，除了要遵守国家有关定额、指标、规范和标准外，在总体环境的规划布置，教学楼的平面与空间组合形式，以及材料、结构、构造、施工技术和设备的选用等方面，应恰当地处理好功能、技术与艺术三者的关系，同时还要考虑到青少年好奇、好动和缺乏经验的特点，充分注意安全。在进行建筑设计时，通常先从平面入手，同时认真考虑剖面及立面的可能性与合理性及对平面设计的影响。只有综合考虑平、立、剖三者的关系，按完整的三度空间概念去进行设计，才能做好一个建筑设计。

6.4.3.1 设计步骤

(1) 确定主要房间（普通教室、声乐教室、实验室等）和辅助房间（厕所、卫生间、传达室等）及交通联系部分的平面形状和尺寸、结构方式。

(2) 确定门、窗洞口的数量、位置、平面尺寸。

(3) 对教学楼进行功能分析，根据各房间的使用功能，分析之间的相互联系与分隔等关系。

(4) 考虑基地环境，并从功能分析入手，进行平面组合，反复修改直至画出最满意的平面组合图。

(5) 确定建筑物的层高和净高，室内外高差、门窗洞口的高度、窗台标高、房间剖面的形状等。

(6) 在教师指导下，完成竖向组合。

(7) 对建筑物进行立面设计，确定内外装饰的形式，并进行空间组合。

6.4.3.2 组成分析

中学教学楼一般是由以下四部分组成。

(1) 教学部分：普通教室、实验室、音乐教室、语言教室、计算机房等，是教学楼的主体部分，各主要房间面积指标见表 6.8。

(2) 办公部分：行政、社团办公室及教师办公室。

(3) 辅助部分：厕所、传达室等。

(4) 交通部分：楼梯、走道、门厅、过厅等。

6.4.3.3 平面设计

1. 普通教室的设计

教室设计应有足够的面积，合理的体型及尺寸，视听良好，采光均匀，空气流通，结构简单和施工方便等。

表 6.8　　主要使用房间面积指标

房间名称	按使用人数计算每人所占面积（m²）			
	小学	普通中学	中等师范院校	幼儿师范院校
普通教室	1.10	1.12	1.37	1.37
实验室		1.80	2.00	2.00
自然教室	1.57			
史地教室		1.80	2.00	2.00
美术教室	1.57	1.80	2.84	2.84
书法教室	1.57	1.50	1.94	1.94
音乐教室	1.57	1.50	1.94	1.94
舞蹈教室				6.00
语言教室			2.00	2.00
微型电子计算机教室	1.57	1.80	2.00	2.00
微型电子计算机教室附属用房	0.75	0.87	0.95	0.95
演示教室		1.22	1.37	1.37
合班教室	1.00	1.00	1.00	1.00

注　1. 本表按小学每班 45 人，中学每班 50 人，中师、幼师每班 40 人计算。
2. 本表不包括实验室、自然教室、史地教室、美术教室、音乐教室、舞蹈教室的附属用房面积指标。
3. 本表普通教室的面积指标，系按中小学校课桌规定的最小值，小学课桌长度按 1000mm，中学课桌长度按 1100mm 测算。

（1）教室面积的确定。

教室的使用面积由三部分组成：家具、设备占用面积；学生使用活动面积；室内行走所需交通面积。所需面积的大小取决于教室容纳的人数，课桌椅的尺寸和排列方式，以及采光通风、设备及施工等因素。中小学校课桌椅的尺寸，根据《学校课桌椅功能尺寸》（GB 3976—83）。桌面宽度单人用 550～600mm，双人用 1000～1200mm。桌面深度为 380～420mm，桌高为 520～760mm（根据学生的身高进行确定）。

桌椅的布置要满足学生视听及书写要求，并便于学生就座和教师辅导，其布置应符合《中小学教学楼设计》（GBJ 99—86）的相关规定。见表 6.9。

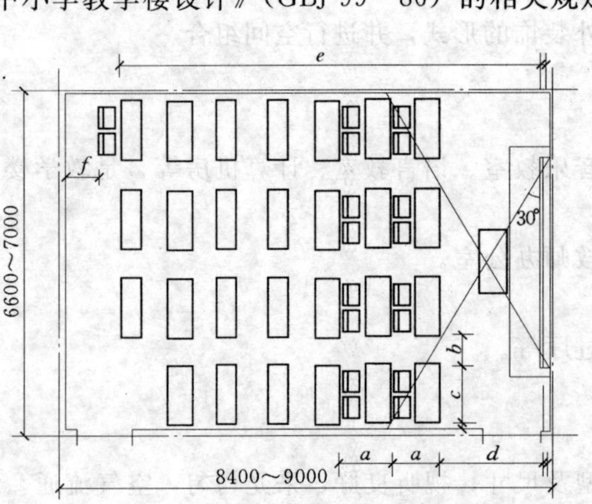

图 6.41　普通教室座位布置的关系

（2）教室形状与尺寸的确定。

教室常见的平面形式有：矩形、方形和多变形等。教室一般平面形式见图 6.41。

矩形平面便于家具布置，能提高房间的利用率，平面组合方便灵活，结构简单，施工方便，有利于建筑构件标准化。矩形平面的长宽比例一般以不超过1∶2为宜。根据桌椅的排列方式不同，平面轴线尺寸可采用：9000mm × 7200mm，9000mm × 6900mm，9000mm × 6600mm，9000mm × 6300mm，8400mm × 7200mm。见图 6.42

及表6.10。

表 6.9　　普通教室座位布置有关尺寸

代号	部位名称	间隔尺寸	
		小学	中学
A	课桌椅前后排距	≥850	≥900
B	纵向走道宽度	≥550	≥550
C	课桌端部与墙面的距离	≥120	≥120
D	第一排课桌前沿与黑板距离	≥2000	≥2000
E	最后一排课桌后沿与黑板距离	≥8000	≥8500
F	教室后部横向走道宽度	≥600	≥600
G	前排边座学生与黑板远程形成的水平视角	≥30	≥30

注　本表根据《中小学校建筑设计规范》（GBJ 99—86）制作。

表 6.10　　矩形教室的座位布置尺寸

<table>
<tr><th rowspan="2">学校类别</th><th rowspan="2">序号</th><th rowspan="2">双人课桌尺寸（mm×mm）</th><th colspan="3">A方案进深尺寸</th><th colspan="3">B方案进深尺寸</th><th rowspan="2">教室净尺寸（进深×开间）（mm×mm）</th><th rowspan="2">教室轴线尺寸（mm）</th><th rowspan="2">使用面积（m²）</th><th rowspan="2">每个学生所占面积（m²）</th></tr>
<tr><th>a</th><th>b</th><th>净进深</th><th>a</th><th>b</th><th>净进深</th></tr>
<tr><td rowspan="3">小学</td><td>1</td><td>1100×400</td><td>125</td><td>550</td><td>6450</td><td></td><td></td><td></td><td>6450×7900</td><td>6900×8400</td><td>54.35</td><td>1.21</td></tr>
<tr><td>2</td><td>1100×400</td><td>125</td><td>550</td><td>6450</td><td></td><td></td><td></td><td>6450×7900</td><td>6900×8700</td><td>56.00</td><td>1.24</td></tr>
<tr><td>3</td><td>1100×400</td><td>125</td><td>550</td><td>6850</td><td></td><td></td><td></td><td>6850×7900</td><td>7200×8400</td><td>56.79</td><td>1.26</td></tr>
<tr><td rowspan="4">小学</td><td>4</td><td>1100×400</td><td rowspan="4">125</td><td rowspan="4">550</td><td rowspan="4">6850</td><td></td><td></td><td></td><td>6850×7900</td><td>7200×9000</td><td>60.59</td><td>1.36</td></tr>
<tr><td>5</td><td>1100×400</td><td>125</td><td>550</td><td>6300</td><td>6300×7900</td><td>6600×8400</td><td>51.90</td><td>1.15</td></tr>
<tr><td>6</td><td>1200×400</td><td>125</td><td>550</td><td>6700</td><td>6700×7900</td><td>7200×8400</td><td>56.79</td><td>1.26</td></tr>
<tr><td>7</td><td>1200×400</td><td>125</td><td>550</td><td>6700</td><td>6700×7900</td><td>7200×9000</td><td>60.99</td><td>1.36</td></tr>
<tr><td rowspan="5">中学</td><td>8</td><td>1100×400</td><td>125</td><td>550</td><td>6850</td><td></td><td></td><td></td><td>6850×8750</td><td>7200×9000</td><td>60.99</td><td>1.22</td></tr>
<tr><td>9</td><td>1100×400</td><td>125</td><td>550</td><td>6850</td><td></td><td></td><td></td><td>6850×8750</td><td>7200×9300</td><td>63.06</td><td>1.26</td></tr>
<tr><td>10</td><td>1150×400</td><td></td><td></td><td></td><td>125</td><td>550</td><td>6500</td><td>6500×8750</td><td>6900×9000</td><td>58.34</td><td>1.17</td></tr>
<tr><td>11</td><td>1200×400</td><td></td><td></td><td></td><td>125</td><td>550</td><td>6700</td><td>6700×8750</td><td>7200×9000</td><td>60.97</td><td>1.22</td></tr>
<tr><td>12</td><td>1200×400</td><td></td><td></td><td></td><td>125</td><td>550</td><td>6700</td><td>6700×8750</td><td>7200×9300</td><td>63.06</td><td>1.26</td></tr>
</table>

注　1. 教室纵向长度：第一排课桌前沿距墙壁2000mm，课桌前后排距小学850mm，最后排课椅后面应用600mm宽的走道。

2. 表中两种方案见图6.42。

（3）教室门的设计。

门主要是作为交通，并兼通风之用。门的设计应考虑出入便捷、疏散迅速、开启灵活。门的数量和宽度应考虑学校的使用特点，通常一间普通教室设置两个门，且应放在教室内纵墙的前后两端，并距墙角为240mm。门的宽度一般取900～1000mm，为考虑室内通风和增加黑板的垂直照度，门的上部应设置亮子，因此，门的总高度一般为2400～2700mm。学校教室为保证防火疏散要求，门一般应向外开启，但在走廊式组合形式中，

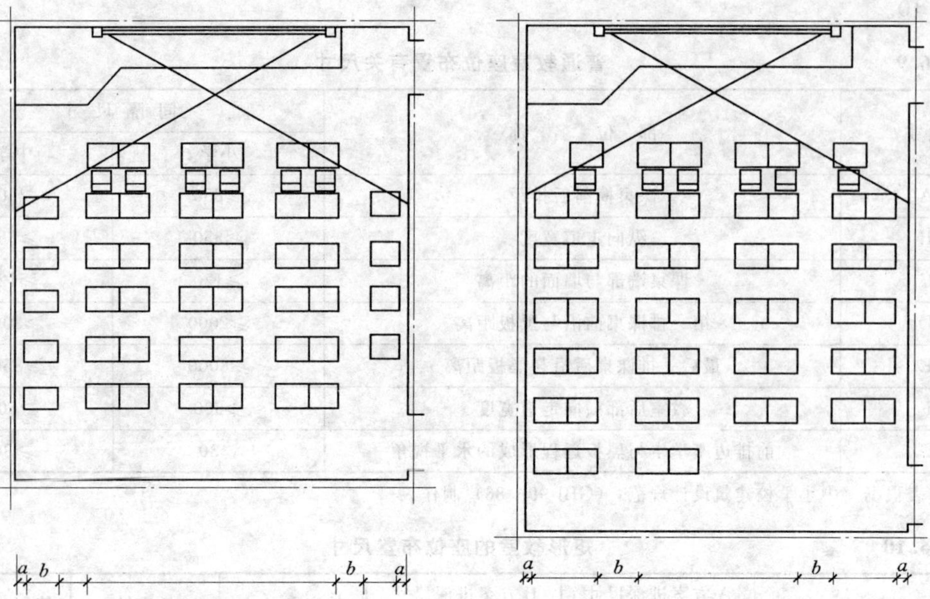

A方案　　　　B方案

图 6.42　矩形教室的布置形式

为方便走廊内人流活动，采用内开门。

(4) 教室窗的设计。

教室窗的设计，要有利于采光通风，并便于开启。窗内开时，不影响室内学生听课；外开时，应保证擦洗安全。因此可适当选用推拉式窗。

窗的大小主要取决于室内的采光要求，对于学校教室通常采用窗地面积比的方法，估算窗的面积大小。窗地面积比是指窗的透光面积与房间地板面积之比。根据规范规定，教室、办公室的窗地面积比一般取 1/4～1/6，通常教室的窗宽为 1500～2400mm；高为 2100～2400mm。不同房间的窗地比见表 6.11。

表 6.11　学校用房工作面或地面上的采光系数最低值和窗地比

房 间 名 称	采光系数最低值(%)	玻地比	规定采光系数的平面
普通教室、美术教室、书法教室、语言教室、音乐教室、史地教室、合班教室、阅览室	1.5	1∶6	课桌面
实验室、自然教室	1.5	1∶6	实验桌面
微型电子计算机教室	1.5	1∶6	机台面
琴房	1.5	1∶6	谱架面
舞蹈教室、风雨操场	1.5	1∶6	地面
办公室、保健室	1.5	1∶6	桌面
饮水处、厕所、淋浴	1.5	1∶6	地面
走道、楼梯间	0.5	1∶10	地面

注　全年阴天在 200 天以上，早上八时的云量在七级以上地区，教学及教学辅助房间工作面（或地面）的采光系数最低值不应低于 2%，其玻地比不应低于 1∶45，临界照度为 4000lx。

(5) 教室层高的确定。

教室的层高主要根据使用人数、卫生标准、采光通风要求、结构形式及空间比例等因素来确定。学校教室由于使用人数较多、房间面积较大，从空间比例方面来分析，其高度应为跨度的1/1.5～1/3之间较宜。为保证教室有较好的卫生条件，除应组织好通风外，还应考虑教室内正常的空气容量，因此教室的净高一般不小于3.4m，层高取3.6～3.9m为宜。

(6) 教室的内部设计。

1) 黑板的尺寸：高度≥1000mm，宽度：中学≥4000mm，黑板下沿与讲台面的垂直距离：中学宜为1000～1100mm，为了避免产生眩光，黑板表面采用耐磨和无光泽的材料。

2) 讲台：为使教室后排的学生不受前排遮挡并便于教师在黑板上书写，应在教室前方黑板下设置讲台。讲台高度一般为180～200mm；宽度以650～750mm为宜；长度应满足宽出黑板长向每边不少于200mm；同时讲台的设置应考虑教室的前部应留有适当的横向通行宽度。

2. 专用教室的设计

(1) 实验室。

实验室平面尺寸的大小，取决于实验室的使用人数、家具的形状、尺寸和布置方式及设备的要求，人数以班级为单位计算，家具中的演示桌和实验桌是影响实验室大小的主要设备。中学实验室的教室面积约为70～90m²。每个实验室均应设一间准备室，作为实验准备、存放仪器、药品和标本用，一般面积在45m² 左右，准备室应紧靠实验室，并设门与之相通，以利使用，如图6.43所示。

实验室内一般需设黑板，实验桌通常平行黑板布置。第一排实验桌前沿距黑板不应小于2.5m；最后一排实验桌后沿距黑板不应大于11m，距后墙不应小于1.2m；实验桌排距不应小于1.2m；试验台间纵向走到宽度应根据实验台的尺寸、排列人数及方式确定。

(2) 音乐教室。

其大小形状与普通教室同。若考虑兼作文体排练和其他用途时，面积可适当加大。音乐教室一般附有乐器室，两者紧密相连，开设门相通，面积相当实验室大小，通常70～75m²。由于音乐教室使用中发出的声响会干扰其他教室上课，因此教学楼内的音乐教室最好设置在尽端或顶层，并将窗子开向不致于干扰其他房间的方向。当条件允许时最好把音乐教室单独设置与教学区分开。

(3) 合班教室。

在学校应设置合班教室，供放映幻灯、科教电影、实验演示、观摩教学、学术报告和合班上课用，中学可设计成阶梯教室，小学合班教室地面不宜起坡，以兼作文体室使用，教室的规模一般以容纳一个年级为宜，以每人≥1m² 考虑。

合班教室应设置一个电教器材贮存修理兼放映的房间，与教室紧密相连，并设门相通，放映室面积一般为40m² 左右，其位置可设于教室前部，也可设在教室后部，如图6.44所示。

合班教室的桌椅，可与普通教室相同。当作成阶梯教室时桌椅宜固定。地坪的升高和

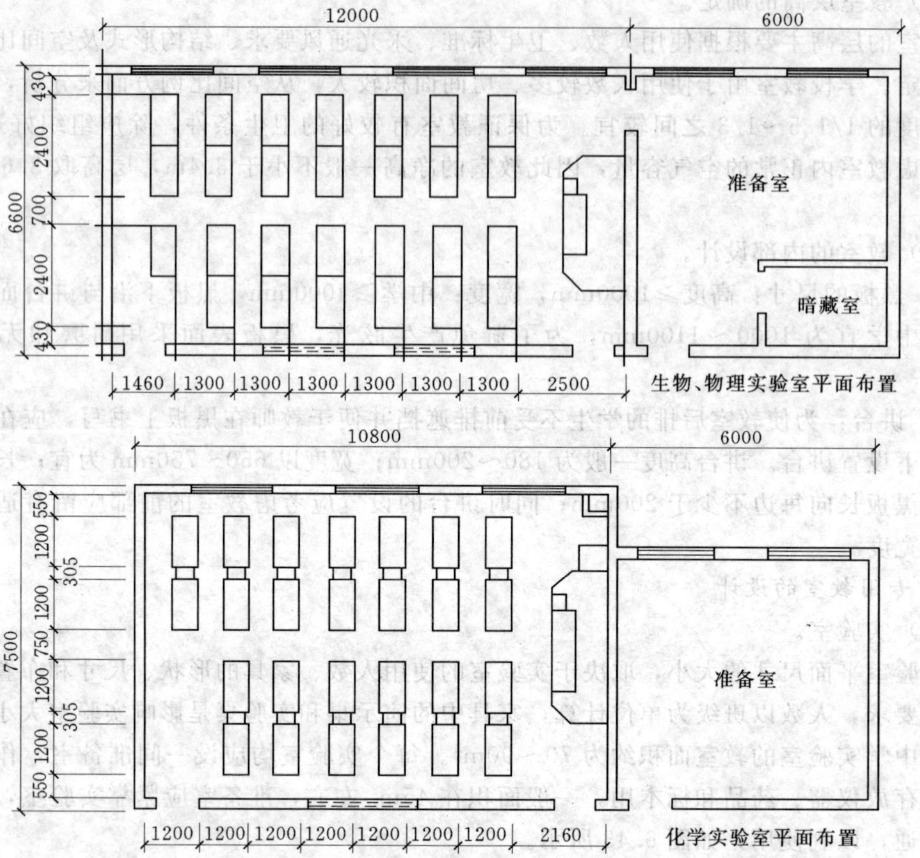

图 6.43 实验室平面布置

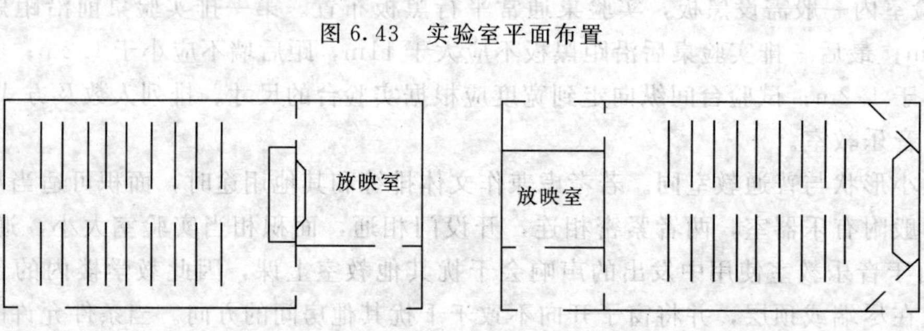

图 6.44 合班教室的设置

桌椅的排列，要考虑视线及视角要求。前排课桌前沿，到黑板距离应不小于 2500mm，教室最后一排课桌后沿与黑板的水平距离不应大于 8000mm，排距一般为中学不小于 850mm。

为了保证每排座位不被前一排遮挡，隔排座位升高值为 120mm，前后排座位宜错位布置。

(4) 语音及计算机教室。

通常每座平均使用面积为 $2m^2$，以便布置出符合使用要求的教学专用教室，其布置形式及尺寸见图 6.45、图 6.46。

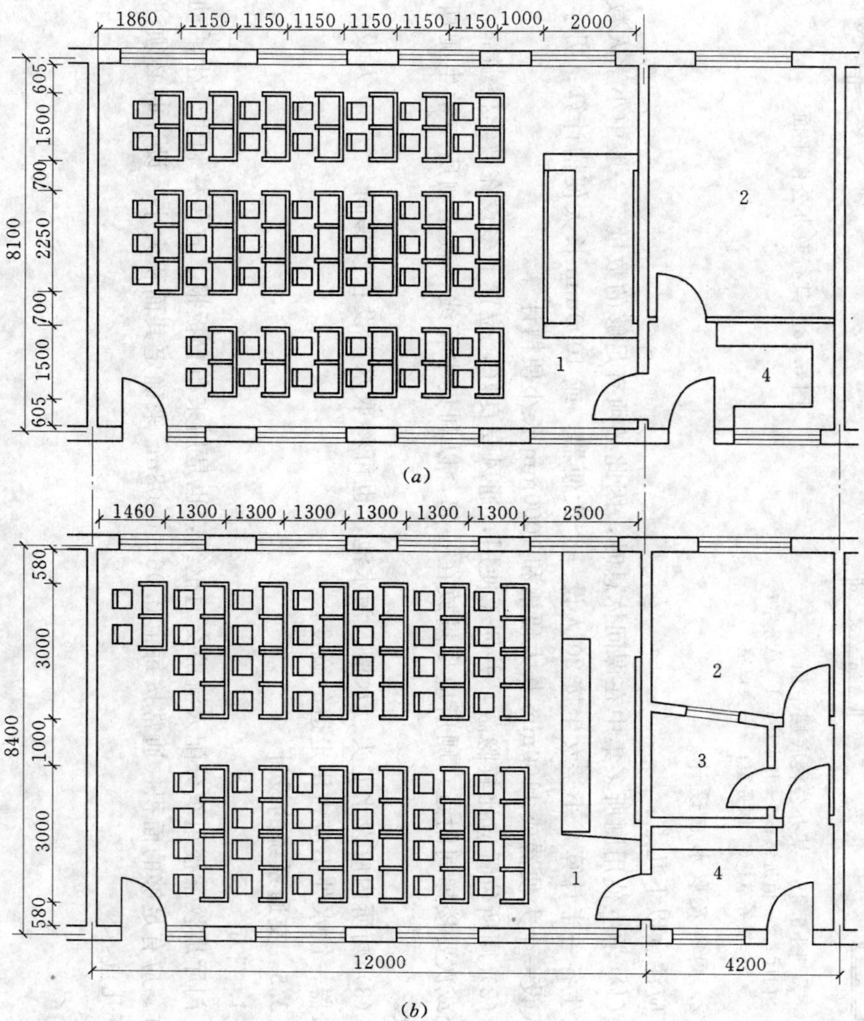

图 6.45　语言教室布置形式

1—语言教室；2— 准备室；3—录音室；4—换鞋室

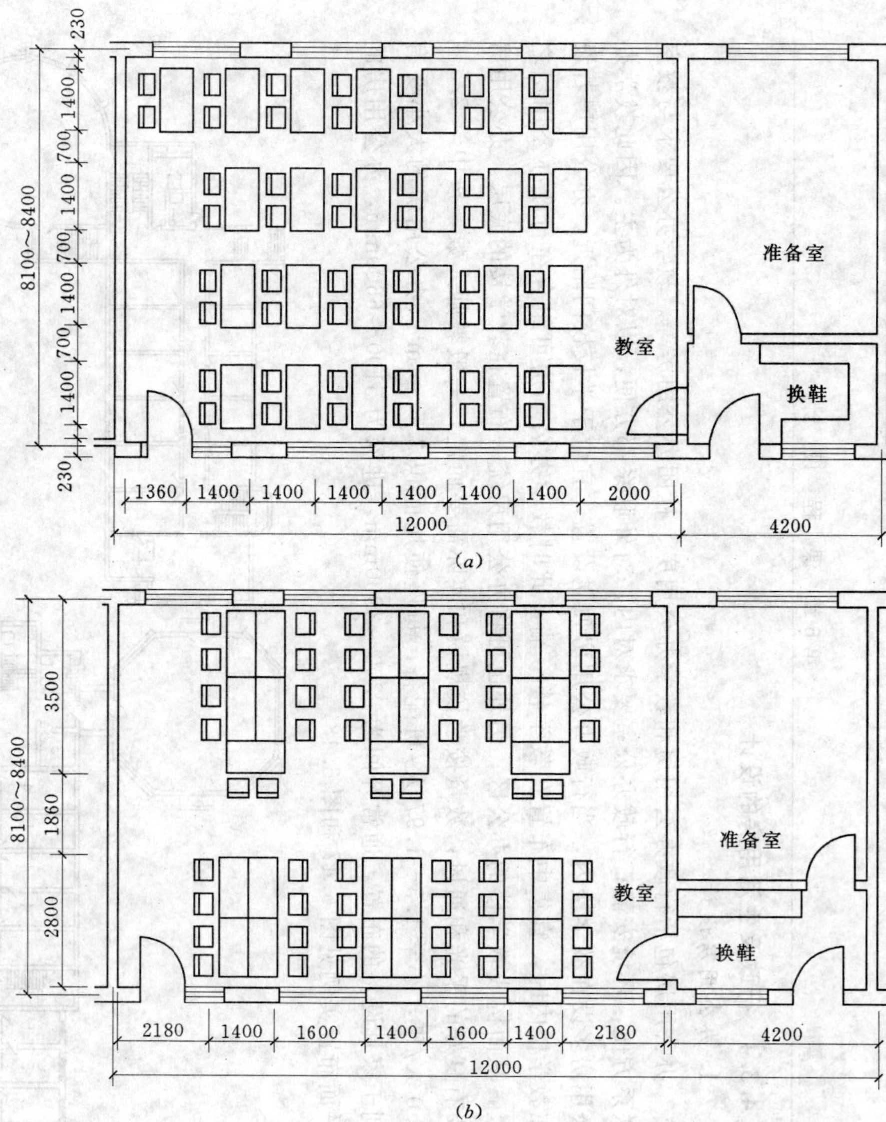

图 6.46　计算机教室布置形式

6.4.3.4 行政及生活用房的设计

1. 办公用房设计

办公用房包括行政办公用房和教学办公用房、社团办公用房等。教学办公要求与教室联系方便，环境安静；行政办公室要求对内、对外联系都方便，以对外为主。因此教学办公用房多设在教学楼内，当行政办公用房独立设置，宜位于学校校门附近。办公用房若设在教学楼内时，宜集中布置在教学楼一端，此时教学办公用房可组合在行政办公用房之上，从而构成教学楼的办公区；另外也可将办公用房统一布置在教学楼的底层。办公用房要有良好的采光和通风，数量按学校规模和实际需要而定，一般教师人数，按中学2.5～3.0人/班，小学1.3～1.97人/班配备，每座使用面积3.5～4m^2。办公用房的大小要有利于家具设备的布置，通常开间为3300～3900mm，进深为5100～6600mm，办公用房的平面布置实例见图6.47和图6.48。

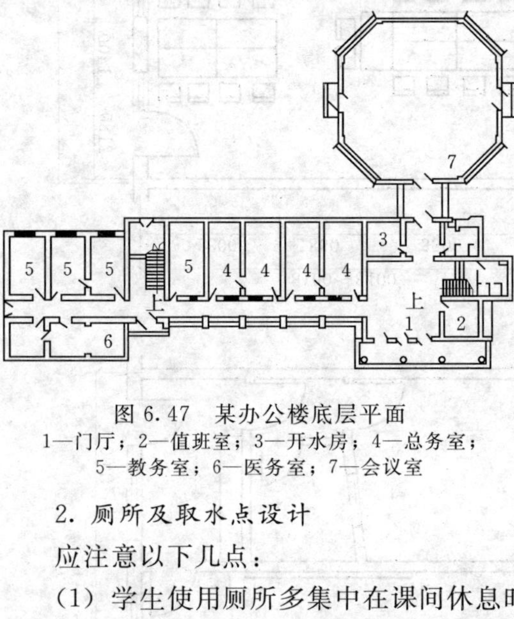

图6.47 某办公楼底层平面

1—门厅；2—值班室；3—开水房；4—总务室；5—教务室；6—医务室；7—会议室

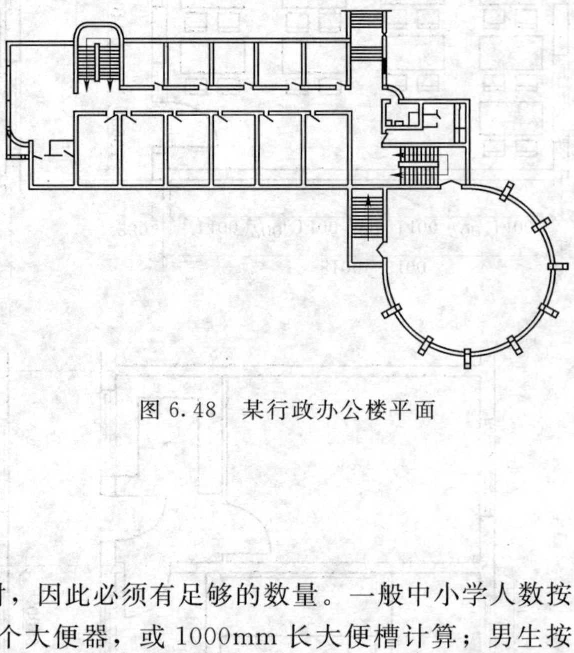

图6.48 某行政办公楼平面

2. 厕所及取水点设计

应注意以下几点：

(1) 学生使用厕所多集中在课间休息时，因此必须有足够的数量。一般中小学人数按男女生各一半计算，小学女生按20人设一个大便器，或1000mm长大便槽计算；男生按50人设一个大便器或1100mm长大便槽和1000mm长小便槽计算。

(2) 厕所位置应比较隐蔽，并便于使用，通风要良好，位置上多设在教学楼端部，转弯处或次要楼梯间附近。厕所应尽量放在一起，以利集中管线。教工厕所与学生厕所应分设。

(3) 厕所内应设水龙头、水槽、污水池，也可将取水点设在楼梯间，宜50人设一个饮水器，饮水处不应占用走道的宽度。

6.4.3.5 交通系统的设计

1. 门厅

门厅是教学楼组织分配人流的交通枢纽，也是用来布置板报、宣传栏和供学生活动的地方。应有足够的面积，通常按每生0.06～0.08m^2来确定其面积大小。设计时必须注意以下几点：

(1) 与学校主要出入口及室外活动场地联系要便捷。

(2) 内部空间要完整，采光通风良好，要有足够面积满足安全疏散及休息使用。

(3) 内部应安排简明的流线及通顺的联系关系。

(4) 内设楼梯时，应注意其导向性、观感效果，不应造成厅内人流交叉。

(5) 入口处一般应设门廊或雨篷，寒冷地区应设门斗，以防冷气直接侵入室内。

门厅的宽度一般为4.5～9m，按防火规范的要求，门厅对外出入口的宽度不得小于通向该门的走道楼梯等疏散宽度的总和。门厅的布置方式有对称和非对称式两种。对称式有明显的轴线关系，常用于对称的建筑平面中；非对称式平面布置灵活，便于按不同的使用部分组织人流，常位于几个体部的衔接处或主要体部的一端。

2. 楼梯

楼梯是上下楼层联系的通道，位置要明显，疏散要方便，宽度和数量要满足疏散和防火要求。楼梯设计主要应根据使用要求、人流通行及防火规范要求等综合要求确定楼梯的位置、数量、宽度及形式等。楼梯的位置要求明显、突出，路线通畅且光线充足，能起到引导人流的作用。主要楼梯一般与主要出入口相连，位置明显，在设计时要避免垂直交通与水平交通交接处拥挤堵塞，在各层楼梯口处应设一定的缓冲地带。为保证主要房间好的朝向，楼梯间多半布置于朝向较差的一面，或设在建筑物的转角处，此外楼梯间应尽量靠外墙布置，以便直接采光。

对于一般楼梯，根据防火要求，两楼梯之间的房间、房门至最近楼梯间的最大距离应满足表6.6的规定。楼梯宽度可按表6.5确定。楼梯多采用双跑平行楼梯，梯井不宜大于200mm，当大于200mm时，应设围护措施。

3. 走道

走道分为内走道和外走道，过道的宽度指标可按表6.5确定。一般内廊时其宽度为2.4～3m，单面走道宽度为1.8～2.1m，办公区走道宽度为1.5～1.8m。

走道要有良好的采光通风，可在两侧墙上设高窗或门上设亮子满足内廊照度要求。外廊地面应低于室内或坡向外，做有组织排水。

6.4.3.6 平面的组合设计

平面的组合设计的任务是将教学楼的各个房间及交通联系部分按照一定规律及形式连接成一个整体，使之达到功能合理、使用方便、结构安全、设备布置简洁、造价经济以及造型美观等目的。

1. 平面组合的基本原则

(1) 教学用房大部分要有合适的朝向和良好的通风条件，朝向以南向和东南向为主。

(2) 各部分功能分区明确，合理，既要联系方便，又要避免相互干扰。

(3) 建筑空间布置紧凑，各个体部组合得当，注意节约用地，节约能源。

(4) 合理组织交通路线，避免人流交叉，保证疏散畅通，防火安全。

(5) 应选择合理的结构型式及最佳的开间、进深尺寸。

2. 教学楼功能分析及各部分的组合关系

(1) 功能分析。

教学楼的各组成部分应构成一个有机整体，各个部分之间既有联系又相对的独立性，以免相互交叉干扰。可利用功能分析图，将各个房间按房间的性质及联系的紧密程度进行功能分区，可分为教学区和办公区，而在教学区中音乐教室对普通教室干扰大，设计时将它作为独立的部分设在尽端，或设在教学楼尽端的底层或顶层，或在教学楼外单独建造。

（2）教室与教师办公室。

教室与教师办公室同层布置，联系方便，易于照管学生，但可能形成干扰；教室与办公室分层布置，保持了办公区的独立性，环境安静，但与学生联系较差，交通路线较长，且办公室尺度受教室开间、进深尺度的限制，有时不尽适用；教室和办公室分别放在独立的建筑中，办公环境较好，但相互联系不便。

（3）教室与实验室的组合（图6.49）。

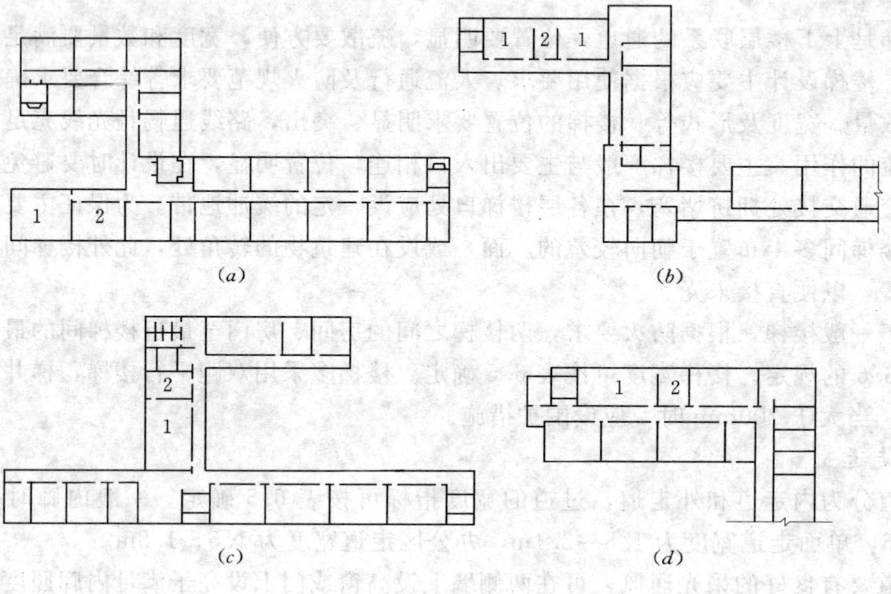

图6.49 教室与实验室的平面组合

(a) 实验室位于端部（上海市某中学）；(b) 实验室位于后部（武汉市某中学）；(c) 实验室位于联系体中（重庆某技工学校）；(d) 实验室与教室混合布置（徐州市某中学）

1—实验室；2—准备室

实验室做成一个单元，放在教学楼的端部、后部或联系体中，分区明确，便于管理，通风采光较好，在综合教学楼中多采用，实验室与教室混合布置，联系方便。但与教室相互干扰，不便管理；实验室与教室分开，作为一幢建筑单独设置，管线集中，管理亦方便。

6.4.3.7 教学楼的剖面设计

1. 剖面形状的确定

一般教学楼各房间的剖面形状多采用矩形，但在阶梯教室宜采用起坡方式，通常隔一排起坡120mm，具体设计可参阅教材或《中小学校建筑设计规范》(GBJ 99—86)。

2. 层数、层高的确定

规范规定小学教学楼不应超过四层，中学、中师、幼师教学楼不应超过五层，学校主要房间的净高，应符合表6.12的规定。

表 6.12 主要房间净高

房间名称	净高（m）	房间名称	净高（m）
小学教室	3.10	舞蹈教室	4.5
中学、中师、幼师教室	3.40	教学辅助用房	3.10
实验室	3.40	办公及服务用房	2.8

注 1. 合班教室的净高根据跨度决定，但不应低于 3.6m。

2. 设双层床的学生宿舍，其净高不应低于 3.00m。

6.4.3.8 教学楼的体型、立面及细部设计

1. 外墙面划分

这主要是墙面的处理，方式有水平划分、垂直划分、网格式划分与混合式划分等几种，如图 6.50 所示。

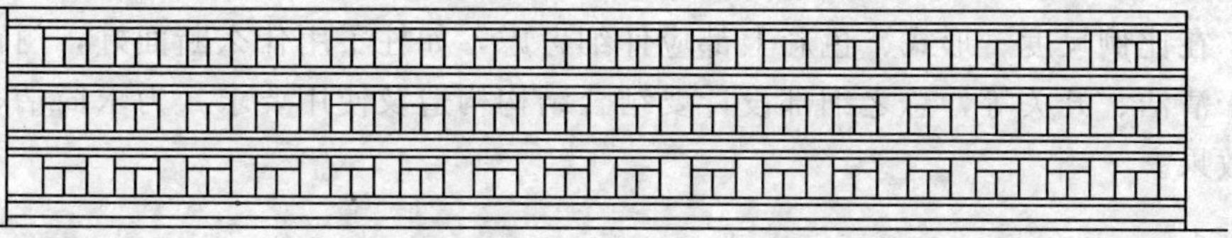

(a)

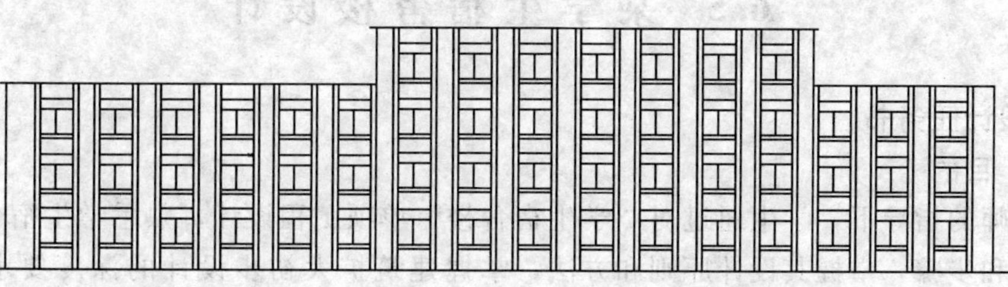

(b)

(c)

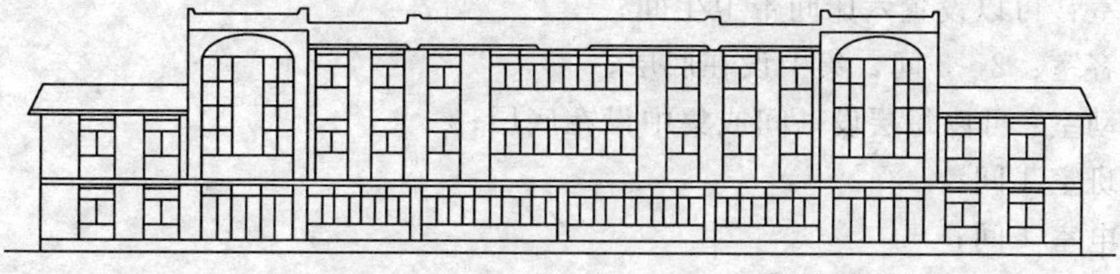

(d)

图 6.50 外墙面划分的形式

(a) 水平划分；(b) 垂直划分；(c) 网格式划分；(d) 混合式划分

水平划分：利用建筑构件，如水平遮阳板、檐口、窗台线、勒脚及挑出的长外廊等，构成水平线条，给人以平静、轻快的感觉。

垂直划分：利用垂直壁柱或线条加强立体感，改善墙面的比例效果。

网格式划分：综合利用水平线条及垂直线条，将立面均匀地划分为网格，使之更加丰富和富有变化，这种变化有突出的方向性。

混合式划分：同时利用水平与垂直划分两种方式进行立面处理，一般多采用上轻下重、上虚下实，以求得比较稳定的感觉。

2. 细部设计

重点是入口，处理得好，可以打破立面设计上过分统一而形成的单调感。因此，在入口处多作特殊处理，如挑出的雨篷或门廊，空透的隔断、花墙，独特的花台，再加上丰富多变的材料、质地、色彩，从而达到统一多变、突出重点的效果。

其他还有门窗、柱子、檐口、雨篷、遮阳、栏杆及装饰线等，除了满足使用功能上的要求外，在比例尺度、形式、色彩上都应仔细考虑，如柱子用什么断面好，门窗用何种形式才便于清洁、开关等，总之细部设计要结合结构构造及使用要求，力求简洁、轻快，注意整体效果。

6.5 某学生宿舍楼设计

6.5.1 设计任务书

6.5.1.1 目的

在教师的指导下，学生通过对“学生宿舍楼”单项工程设计，熟悉学生宿舍楼建筑设计的内容和步骤，掌握其设计原则和方法，掌握建筑扩大初步设计的深度要求及图纸的绘制表达方法。并提高学生分析和解决工程实际问题的能力，熟悉工程设计的内容和程序。

6.5.1.2 设计条件

1. 本建筑位于某学校的学生宿舍小区内，具体地段自定

2. 建筑规模

(1) 建筑面积为4500～5000m^2，总房间数量为120～150间或套，层数为5～6层。

(2) 建筑物房间组成和面积：

1) 居室：可以设置六床间带卫生间；

2) 会客室：2～3间，集中设在底层；

3) 活动室：可以每层设一间或集中设在底层；

4) 值班室1间；

5) 配电室1间；

6) 门厅、走廊、楼梯等根据需要设计。

3. 气象条件

常年主导风向为东南风，基本风压650N/m^2，年最高温度39℃，最低温度0℃。

6.5.2 设计内容和图纸要求

6.5.2.1 总体平面布置图（1：500或1：300）

（1）准确绘出屋顶平面并注明层数。

（2）注明建筑的性质和出入口位置。

（3）画出较详细的室外环境布置（包括道路，广场，绿化，小品）。

（4）正确表达建筑用地与周边道路的交接关系。

（5）并标注建筑的朝向。

6.5.2.2 各层平面图

（1）标注纵横轴线编号。

（2）标注建筑各部分尺寸：

1）外部尺寸：标注三道尺寸，即

· 总尺寸：（外包尺寸）表明总长和总进深。

· 轴线尺寸。

· 门窗洞口及墙段尺寸。

2）内部尺寸：

· 标注墙体厚度尺寸，洞口位置和大小尺寸。

· 标注墙上预留洞口的位置和大小，洞顶标高等。

· 底层室外台阶，散水等尺寸。

（3）标注各层标高及室外地坪标高（一般标注在入口处或公共走道上，若有标高降低的房间和走道，应在该处标明）。

（4）标注门窗编号（如果高宽及形式均相同的为同一编号，否则应另外编号，门的编号为M-1，M-2，窗的编号为C-1，C-2）。

（5）画出房间内部固定设施的位置并标注尺寸。

（6）标注剖面图，详图的位置及编号。

（7）标注房间的名称，图名及比例。

（8）标注其他特殊部位的做法。

6.5.2.3 屋顶平面图

（1）标注各转角部位定位轴线及间距。

（2）标注四周的出檐尺寸及屋面各部分标高（标注结构层上表面）。

（3）屋面排水方向，坡度及各坡面交线，天沟檐沟泛水出水口水斗等的位置，屋面保温隔热层只画出局部。

（4）屋面上人孔或出入口，女儿墙等的位置尺寸。

（5）图名及比例。

6.5.2.4 立面图

（1）表明建筑外形、门窗、雨篷外廊或阳台及雨水管的形式和位置。

（2）标注标高及必要的尺寸：

标注从室内外地坪至屋顶沿口的标高；

门窗上下沿标高；

标注必要部位的标高，如门廊、雨篷等的位置；

标注各层间尺寸。

(3) 注明外墙材料及做法，饰面分格线立面细部详图索引号。

(4) 立面名称及比例（用立面的边轴线编号表示）。

6.5.2.5 剖面图

(1) 要表明建筑物内部空间的高度关系，标注三道尺寸：

建筑总高；

各层层高（楼地层标注在面层表面，屋顶标注在屋面板表面，坡屋顶要标出最低点和屋面坡度）；

门窗洞及窗下墙尺寸。

(2) 标注标高及详图索引。

(3) 楼地面和屋顶构造做法。

(4) 内外墙和柱的轴线及间距。

(5) 图名和比例。

6.5.2.6 详图

1. 楼梯详图（1∶50）

详细注明楼梯梯段及平台宽度，梯井宽度，踏步宽度及数量，楼梯上下方向等内容，标注楼梯平台的标高及栏杆高度。

2. 厕所详图（1∶50）

应详细注明卫生洁具的布置及间距，间距应符合有关规范的要求，注明地面的标高及排水组织方式，排水方向。

3. 其他详图（比例自定）

要求表示清楚各部分的构造关系，标注有关细部尺寸，标高，轴线编号以及做法说明等。

6.5.2.7 门窗明细表和设计说明

(1) 门窗明细表的内容有编号、名称，洞口尺寸（宽×高）及数量等。

(2) 设计说明包括建筑名称，建筑规模，设计标准，建筑耐久年限，建筑分类等级和耐火等级，重点交代屋面防水和墙体构造、用料及施工的有关说明，内外装饰做法等。

6.5.3 设计方法和步骤

在进行建筑设计时，通常从平面设计、剖面设计、立面设计三个不同的方面来综合考虑。平面设计是关键，所以在进行方案设计时，总是从平面入手。同时认真考虑剖面及立面的可能性与合理性及对平面设计的影响。只有综合考虑平、立、剖三者的关系，才能做好一个建筑设计。

本宿舍楼包括以下三个部分：

(1) 主要房间：带卫生间居室。

(2) 辅助房间：会客室、活动室、盥洗室和公共卫生间、值班室、配电室等。

(3) 交通联系部分：门厅、走廊、楼梯等。

6.5.3.1 平面设计

1. 各组成部分的平面设计

建筑平面设计包括单个房间的平面设计及平面组合设计。单个房间的设计，即确定房间的面积、形状、尺寸以及门窗的大小和位置。

(1) 单个居室的设计。

设计要求：大小合适、良好的朝向（半数以上的居室）、较好的采光通风、结构简单、施工方便。

1) 居室的面积、尺寸：

居室面积、尺寸的大小主要与居住人数、家具（床、柜、桌椅等）尺寸及布置方式有关。《建筑设计规范》规定：

a. 双层床，六人间，每人使用面积不小于 $4m^2$；双层床，八人间，每人使用面积不小于 $3m^2$。

b. 床位布置尺寸不应小于下列规定：两个单床长边之间的距离为 0.6m；两床床头之间的距离为 0.1m；两排床或床与墙之间的走道宽度为 1.2m。

c. 每人净储藏空间不应小于 $0.5m^2$。

d. 储藏空间的净深不应小于 0.55m。设固定箱子架时，每格净空长度不宜小于 0.8m，宽度不宜小于 0.6m，高度不宜小于 0.45m。书架的深度不应小于 0.25m，每格净高不应小于 0.35m。

e. 居室的开间和进深尺寸宜符合水平扩大模数。

2) 居室的形状：

为便于家具的布置，且考虑结构简单、施工方便等因素居室的形状一般选用矩形。

(2) 居室内的附设卫生间。

使用面积不应小于 $2m^2$，设有淋浴设备的或设两个蹲位的其使用面积不宜小于 $3.5m^2$。

(3) 值班室使用面积不应小于 $8m^2$。

(4) 会客室其使用面积不宜小于 $12m^2$。

(5) 公共活动室人均使用面积不宜小于 $0.2m^2$，最小使用面积不宜小于 $30m^2$。

(6) 门厅可以按 $0.4\sim0.6m^2$/间计算。

(7) 楼梯及走道总宽度应按每层通过人数每 100 人不小于 1m 计算，且净宽不应小于 1.2m，楼梯平台深度不应小于梯段净宽。踏步宽度不应小于 0.27m，踏步高度不应大于 0.165m。

(8) 楼梯的数量至少设两个。

(9) 走道的长度要满足《防火规范》规定，即房间门至外部出口或封闭楼梯间的最大距离应不大于 30m 或 20m（袋形走道两侧的房间）。

(10) 门窗和阳台。

1) 居室和辅助房间的门洞口宽度不应小于 0.90m，阳台的门洞宽度不应小于 0.80m，居室内附设卫生间的门洞宽度不应小于 0.70m，宿舍安全出口门不应设置门槛，其净宽不应小于 1.40m。

2）宿舍宜设阳台，阳台的进深不宜小于 1.2m。

3）居室应有直接采光，窗地比面积最低值是 1/7。

4）门、窗的位置应考虑到便于家具的布置（见图 6.51）、交通路线简捷、采光通风良好等因素。

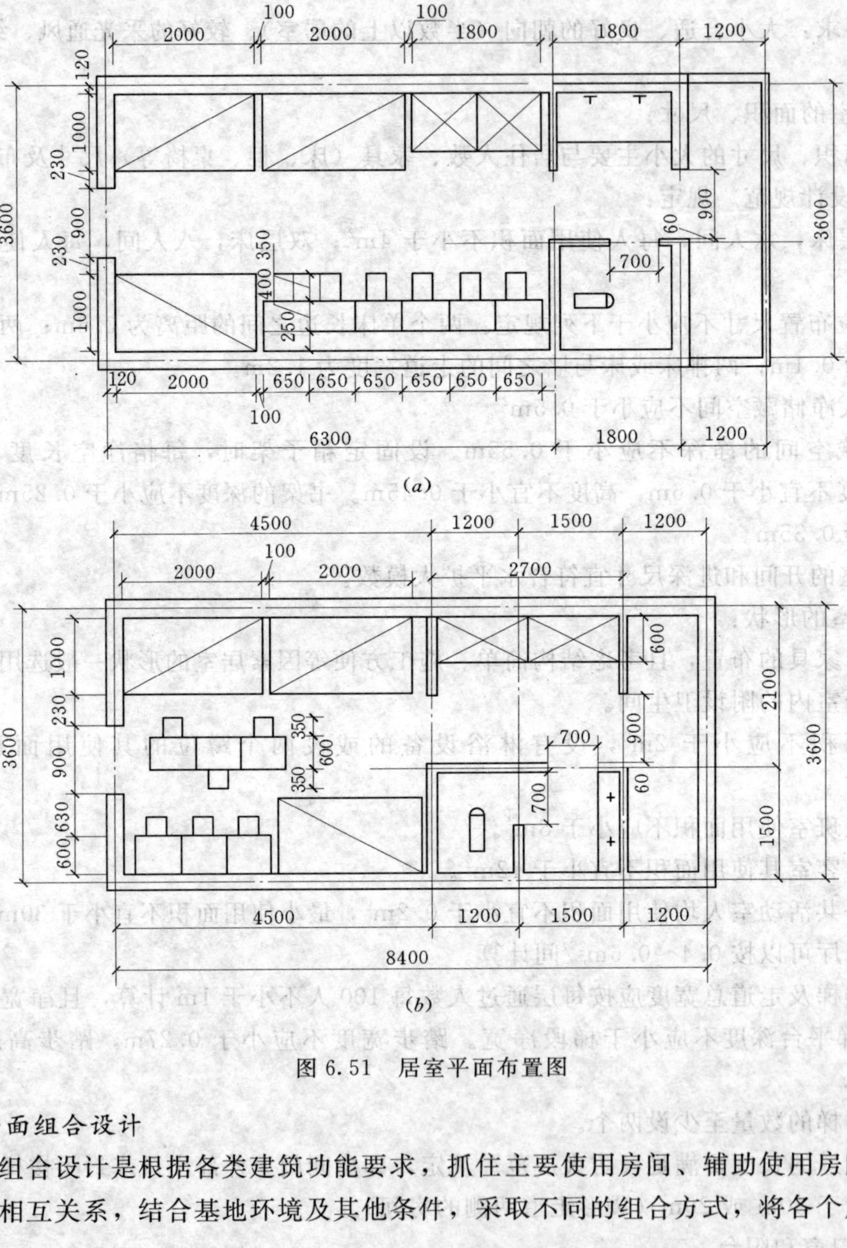

图 6.51 居室平面布置图

2. 平面组合设计

平面组合设计是根据各类建筑功能要求，抓住主要使用房间、辅助使用房间、交通联系部分的相互关系，结合基地环境及其他条件，采取不同的组合方式，将各个房间合理的组合起来。

平面组合设计的要求：使用方便；结构合理；造型优美；与环境协调。

宿舍的平面组合形式一般有单元式和走廊式，其中较为常用的是走廊式。

走廊式又分为内廊式和外廊式，可视具体情况而定。

(1) 居室是宿舍建筑最主要的房间，因此应将其放在最好的位置，即，其采光、通风、日照都尽量地好。

(2) 会客室宜集中设在底层。

(3) 活动室可分层设置，亦可集中设在底层。

(4) 值班室设在底层并与主要出入口相连。

(5) 门厅。

1) 与主要楼梯相连。

2) 与宿舍区内主要干道相连。

3) 入口处应设门廊或雨篷。

(6) 楼梯的位置应便于疏散。

(7) 每栋宿舍应至少在首层设置一间无障碍居室。

6.5.3.2 剖面设计

建筑剖面设计主要是确定建筑物在垂直方向上的空间组合关系，重点解决建筑物各部分应有的高度、建筑层数、建筑空间组合和利用等。

1. 各部分高度的确定

(1) 居室采用双层床，层高不宜低于 3.60m，净高不应低于 3.40m。

(2) 辅助用房的净高不应低于 2.50m。

(3) 七层及七层以上的宿舍或居室最高入口层楼面距室外设计地面的高度大于 21m，应设置电梯。

(4) 宿舍的外窗窗台不应低于 0.90m，开向公共走道的窗扇，其底面距本层地面的高度不宜低于 2.0m。设亮窗的门洞口高度不应小于 2.40m，不设亮窗的门洞口高度不应小于 2.10m。

(5) 多层宿舍阳台栏杆的净高不应低于 1.05m。

(6) 室内外高差不宜小于 0.45m。

2. 层数

建筑层数除要满足使用要求外，还要满足建筑防火要求。耐火等级为一、二级的建筑，层数原则上不受限制，耐火等级为三级的建筑，层数不应超过五层。

本建筑宜为 5～6 层，亦可视具体情况自定。

3. 剖面组合设计

一般把层高相同的、功能上密切联系的宜布置在同一层，对外联系较多的、出入人员较多的布置在底层。

6.5.3.3 立面设计及细部设计

1. 立面设计

学生宿舍是主要是供学生生活、休息的地方，因此，宿舍应给人轻松、亲切、安静、温馨和愉快的感觉。立面上可以通过色彩（如墙面的颜色可以用乳白色、淡黄色等柔和的颜色）的搭配、墙面线条的划分（如水平线条、网格线条）及门窗的大小及排列方式（整齐划一）来体现。体量上也不宜过大。

2. 细部处理

重点是入口处、檐口处、挑出的阳台及走廊等本身的形式上要新颖，装饰材料的质地、颜色要与大片墙体的颜色和谐且具有变化。

6.5.3.4 总平面设计要求

(1) 宿舍宜接近工作和学习的地点，并宜靠近公用食堂、商业网点、公共浴室等方便生活的服务配套设施，其距离不宜超过250m。

(2) 宿舍附近应有活动场地、集中绿地、自行车存放处，宿舍区内宜优机动车停车位。

(3) 宿舍区内的房屋间的间距应满足国家标准规定的有关防火和日照的要求，且应满足各地城市规划的行政主管部门的相关规定。

(4) 机动车不得在宿舍区内过境穿行。

(5) 宿舍区内公共交通空间、步行道系统及安全出入口，应按现行的行业标准《城市道路及建筑物无障碍设计规范》(JGJ 50) 的规定设置无障碍设施。

(6) 建筑设计还要满足其他现行规范的要求，如：《建筑防火规范》、《建筑节能规范》等。

第7章 课程认识实习

7.1 课程认识实习大纲

7.1.1 实习的目的和任务

认识实习是房屋建筑工程专业教学过程中的重要实践教学环节，是学生增长实践知识，用理论联系实际的重要手段和方法之一。本次认识实习是学生在已学习建筑制图和建筑材料、房屋建筑学专业知识过程中的一次实践教学环节。其目的是通过参观典型建筑，建筑工地，使学生对所学知识有一个感性认识，对本专业的概貌有一个系统全面的了解，增强学生学习本专业的兴趣。具体目的及任务是：

通过参观实际建筑，进一步提高学生对建筑文化、建筑知识以及建筑施工、建筑材料的认识，巩固和扩大所学理论知识，提高学习积极性。

通过参观在建工程及阅读施工图纸，进行现场比较，进一步培养学生的空间想象能力，提高识读施工图的能力，运用所学知识品评建筑的优缺点，提高自身的观察能力和欣赏水平。

通过实习，了解建筑工程施工工艺，熟悉房屋构造，了解建筑材料的特性及应用。培养学生劳动的观点，发扬理论联系实际的作风，为今后从事生产技术管理工作奠定基础，为课程设计的进行做好铺垫。

7.1.2 实习的内容

(1) 识读建筑施工图，学习设计人员针对建筑物的功能要求，如何进行平面组织、立面处理和剖面设计的，为课程设计打下基础。

(2) 参观已建成的建筑，直观了解不同建筑的使用功能和性质，以及建筑造型、色彩搭配、材料选用等建筑特点。

(3) 参观施工工地，进一步了解建筑的构造原理和构造方法，学习建筑的构造要求及施工工艺。

(4) 回答知识提问，整理实习成果。

7.1.3 实习的组织计划安排

按照教学计划安排，认识实习为一周时间。参加实习的全体人员形成整体，由专业指导老师带队，负责所有工作。每班分成若干小组，每组设组长一名，负责各组的组织服务工作。在实习期间，应按照实习计划的内容进行，在指导老师和技术人员的帮助下，完成实习任务。

实习时间安排如下：

(1) 实习动员及安全教育，0.5天。

(2) 参观砖混结构施工现场，1.0天。

(3) 参观钢混结构施工现场，1.0天。

(4) 参观城市景观，0.5天。

(5) 识读建筑施工图：砖混结构一套、钢混结构一套，1.5天。

(6) 整理实习成果，0.5天。

7.2 课程认识实习的安全教育和要求

7.2.1 安全教育

实习安全是实习中非常重要的问题。实习前指导老师应进行实习动员，认真做好安全教育工作，提高学生的安全意识和安全素质，提高学生的自我保护能力，使学生平安实习。在实习过程中安全教育主要包括安全知识教育和安全意识的教育。

安全知识教育主要是指施工生产中最基本的安全知识和相关的规章制度。

(1) 了解施工工地安全通则，对各作业人员的规定。

(2) 了解高处作业的相关规定和规章制度。

(3) 了解实习场地的基本情况和安全生产要求。

(4) 了解现场内的危险部位和区域，并对此进行规定和要求。如建筑的“四口”（楼梯口、预留口、通道口、升降口）、高空坠物、高处作业、脚手架、栏杆、跳板、马道等。

(5) 了解实习场地的一般用电知识、放火要求、电器使用等相关基本知识。

(6) 提高现场的自我防护能力。

7.2.2 基本安全知识

1. “三保”防护（安全帽、安全带、安全网）

凡进入施工现场人员，必须正确佩戴安全帽。安全帽要经常检查，不符合要求的坚决报废。凡在2m及2m以上高处作业，必须系好安全带。安全带上的各种部件不得任意拆掉和随意更换。安全网的规格、材质必须符合国家标准，使用前要认真检验。该工程外侧及龙门架外侧均使用密目式安全网全封闭，安全网支设完毕，经过检查验收后方可使用。

2. “四口”防护

(1) 该工程的楼梯口、电梯口、通道口、预留洞口均需进行安全防护。

(2) 楼梯踏步拆模后，沿楼梯设1.2m高双层护身栏杆。

(3) 在该工程的东西两侧各设一个通道口，并搭设防护棚。棚的宽度大于出入口，长度不小于3m。棚顶用5cm厚木板铺满，其余暂不通行的单元入口临时封闭，封闭要牢固严密。

(4) 预留洞口要用盖板盖严，固定牢固。

(5) 通道口、楼梯口要有醒目的示警标志，夜间挂红灯示警。

3. “五临边”防护

(1) 基坑四周设置防护栏杆，夜间挂红灯示警。

(2) 通往屋面周边、一层框架周边、斜马道两侧边、卸料平台两侧边都必须设置1.2m高的双层护栏，并挂安全网。

(3) 电梯口和楼梯侧边必须安装临时防护栏杆，在安装正式栏杆前不得拆除。

(4) 上料平台除两侧设防护栏杆外，平台口还应设置安全门或活动防护栏杆。

(5) 各种临近防护必须安装牢固，经检查验收后方可使用，任何人都无权私自随意挪动和拆除施工现场的各种防护装置，防护设施和安全标志。

施工虽然重要，但没有一个好的环境也不是一个好的工程，所以还要做到“三清六好”，保护作业场地清洁卫生。

三清：下工活底清；料具底数清；工完场地清。

六好：施工准备好；设备管理好；工程质量好；安全生产好；完成进度好；生活管理好。

7.2.3 安全意识教育

安全意识必须是从思想上提高，端正态度，认识到安全的重要性，使实习的整个过程能够有效控制，安全圆满地完成。为安全有效地完成实习任务，须作出以下规定：

(1) 进入施工现场前，请检查安全帽是否戴好？鞋带是否系好？女生请不要穿高跟鞋。男生请不要携带香烟、打火机，严禁在施工现场抽烟。

(2) 进入工地后，严禁嬉笑打闹，不许掉队，不许独自乱走。要时刻留意脚下，不要轻易踩在模板、钢筋以及带钉的板上面，以防钉子或钢筋扎伤脚。

(3) 应留意头上的钢管等，以免碰伤头；还应注意楼地面上的各种预埋铁件等，以防绊倒摔伤。

(4) 禁止在塔吊、升降机等下面逗留、嬉笑打闹。

(5) 进入材料加工区（如钢筋加工区、模板加工区等），严禁触摸各种机械设备、配电箱等，以防受伤或触电。

(6) 进入施工现场的通道是“安全入口”处，禁止从其他地方钻进去，严禁攀爬脚手架。

(7) 在施工现场内要特别注意“四口”，即楼梯口、通道口、升降口、预留口。确认安全后再通行。

(8) 注意施工现场特别是危险区域（如高处作业的梯子、跳板、马道、架子、栏杆）的安全与防范。

(9) 禁止在施工现场拍照。小心手机等其他贵重物品从口袋滑出、坠落。对有高温施工处，还应避免烫伤。

(10) 在工地喝水、上厕所均不方便，请先解决好个人问题。

7.3 课程认识实习的成果和考核标准

7.3.1 实习成果

学生在实习期间必须完成以下任务：

(1) 按要求完成实习日记。

(2) 按要求完成实习报告。

(3) 按要求完成并回答老师提出的问题。

(4) 针对实习过程中发现的问题，提出自己的看法和理解，包括有关新材料、新工艺、新技术的专项研究报告。

7.3.2 实习日记（节选）

7月10日 星期一 晴 气温：25～36℃

上午，老师给我们作了实习动员，着重给我们讲了实习中安全的重要性，强调安全第一，要处处注意安全。接着让我们端正实习态度，强调这是集体活动，每个人都要参加，不可以随便缺席。最后老师给我们讲了这次实习的意义，让我知道了这次实习的重要性。通过这次实习我将学到许多我平时在书本上学不到的东西，开阔我的视野，使我对这个专业有更加深刻的认识和了解。

下午，我们分别参观了本校区和宝山校区的建筑工地。我们首先去了一间像厂房一样的建筑里面，那屋顶上面有一个吊机，下面是两台钢材压力试验机，地上放着许多试件。钢材断面就是由上面的吊机吊到试验机上进行压力试验的。接着我们去了另一栋建筑，里面上下两层全都是实验室，我看见在一楼的简介上写着国家二级实验室。里面主要有混凝土试件压力测试，石子、黄砂、水泥砂浆的强度、易和性测试，其中有一间实验室里有一台超级庞大的压力试验机，其高度直达房顶，使我们吃了一惊。老师介绍说，这是300吨的钢材压力试验机。除了这300吨的以外，旁边还有几台100吨和50吨的试验机。看着这些庞然大物，我们兴奋不已，同时也感到自己将来责任重大。接着我们来到二楼。二楼主要是水力测量实验室，里面有许多精密的实验设备，老师说将来我们学专业课时将回来这里做实验。虽然天空下着小雨，但我们还是因为见到了这么多实验设备而感到高兴。

7月11日 星期二 晴 气温：27～37℃

我们参观了校区的施工现场和已建好的教学楼。老师给我们讲解了土方工程，它们是根据标高和地质情况决定填土还是挖坑的。在地基前伫立着几个高高的吊塔，它们是用来安装和调运建筑材料的。同时为了确保施工的顺利进行，工地用砖墙围护起来。只有工地内部人员和施工车辆才可以出入。我们实习也要经过他们的同意才可以进入，而且必须戴上安全帽。到达施工现场后，我们看到有个很大的场地，它是用来存放建筑材料用的。主要是钢筋，没有水泥、砂、石之类的建材。这是因为现在许多的建筑材料都使用了成品化的，不需要再在工地现场制作了。这样做，一方面可以保证一些建筑材料的质量；另一方面，还可以大大地降低生产成本，从而提高整个工程效率。我们在工地上，在建成和未建成的工地间切身感受到建筑过程的艰辛，责任的重大，感受到了建成建筑的雄伟和壮丽，对整个专业有了全面深刻的理解。

今天我们还看到了本工程的工程图纸，并总体阅读了一遍，做到心中有数，知道什么地方对应什么图，还对工程概况作了详细了解。

(1) 本工程为×××房地产开发有限责任公司委托设计的×××教学楼。工程地点位于×××市河东区胜利南路。场地地貌属于七里山山前坡洪积裙和清水河二级阶地交互地带，场地不平坦，由北向南呈坡度走势。

(2) ×××市属于干旱－半干旱气候，其气候特征为多风少雨，降雨不均，昼夜温差大。年均降水量为400mm，无霜期为140天，雨季主要集中在7～9月份，约占全年降雨量的70%以上。本地区地下水埋深约为35m，水位年度最大变幅为1.5m，本地区标准冻结深度为1.4m。

(3) 本工程为多层教学楼建筑，耐火等级为二级，抗震设防烈度为7度，建筑耐久年限为50年。

(4) 结构类型分为框架结构。

(5) 主要技术指标（略）。

7月12日 星期三 上午：晴 下午：多云 气温：27～36℃

今天我们去参观了市材料园。一进门我们就看见地上堆放着一排排预制板，按不同的规格叠放在那里。每块板中间都有3个圆孔，不同规格的板圆孔不同，圆孔下面有一排钢筋头从板底伸出，每块板上四角还有4个突出的小圆环。老师给我们介绍说，这板的全称叫钢筋混凝土预应力板，板上的圆孔起着减轻重量的作用，同时还可以增强隔热保温性能。圆孔在浇铸时开口被封了，是防止储存时有昆虫老鼠在里面生殖产卵，另外还可以在安装时为防止砂浆进入孔中。然后我们参观了钢筋混凝土浇筑场地。原来，浇筑时是将磨具一排排整齐地排放好，然后把一根根很长的钢筋穿过一整排磨具连在两边的受力柱上，使钢筋受张拉力，在浇筑好后便产生一个收缩力。这个力就叫预应力，它使预应力板能够防止和减少受力变形。接着我们参观了板，GRC板主要是由抗碱玻璃纤维网格、低碱水泥、珍珠岩和外加发泡剂防水剂组成。它主要用于做墙，隔开空间。这种墙隔热隔声效果好，但不能承受外加重力，只能承受自身重力。它可锯，但不可以拼接。

随着建筑业的发展，为了消除噪音、灰尘等的污染，一些城市都建立了混凝土搅拌站，这样不仅大大提高了生产效率，而且质量也得到了保障。我们参观的构件厂也有这样一个混凝土搅拌站。只看见几个十几米高的大罐子倒立着伫立在几堆石子黄砂前。有一个传送带将石子、黄砂送到旁边的一栋建筑里。老师说那是搅拌房，各种材料在那里面混合搅拌，然后灌进混凝土搅拌车里送往工地。老师还给我们讲了不同材料所混合出的混凝土的性能的不同，使我们既开阔了眼界，又增长了知识。

7月13日 星期四 多云 气温：27～34℃

今天上午主要学习工地的图纸，这些图纸一般按专业类别可分为①建筑②结构③给排水④电气4个部分。每一部分的图纸又由目录，设计总说明，各种图纸和修改通知书组成。设计总说明是图纸设计进行必要的说明。如：

(1) 建筑设计总说明中有：设计依据，工程概况，各个分项工程的做法（墙体、楼地面、顶棚、屋面、室外工程、门窗、油漆等做法和一些必要的说明门窗表等）。

(2) 建筑部分图纸，主要由平，立，剖面组成。

(3) 结构部分图纸，主要由基础、柱网、各层结构以及屋面平面图、梁板配筋图、屋面层配筋图、楼梯等大样图组成，电气和给排水施工图由于学得较少，有很多地方不懂，所以也比较看得少。

今天下午，主要学习如何整理“建筑工程质量控制资料”中的“检验批、分项、分部(子分部) 工程质量验收记录。这些资料按分部工程主要可以分为：①地基与基础②主体结构③建筑装饰装修④建筑屋面4个分部工程，各个分部又分为若干个子分部工程和分项工程检验批。

这些资料就是工程建设过程中的各个工序的验收记录。

（分部） （子分部）

地基与基础：无支护土方，有支护土方，地基处理，桩基地下防水，混凝土础，劲钢（管）混凝土砌体基础，钢结构。

主体结构：混凝土结构，劲钢（管）混凝土结构，砌体结构，钢结构，木结构，网架和索膜结构。

装饰装修：地面，抹灰，门窗，吊顶，轻质隔墙，饰面板（砖），幕墙，涂饰，裱糊与软包，细部。

屋面：卷材防水屋面，涂膜防水屋面，刚性防水屋面，瓦屋面，隔热屋面。

当然，每一个工程中并不是所有的子分部工程都有，而是有其中的若干个。

7月14日 星期五 上午：小雨 下午：多云 气温：27～36℃

今天上午我们去参观了彩虹桥。我们把桥分为公路桥、铁路桥和城市道路桥三种。由于我们的条件有限，我们只参观了城市道路桥。通过老师的讲解，我们初步了解了桥的基本知识。老师谈到了城市道路桥与公路桥的不同：城市道路桥的两边有人行道和路灯，有栏杆（一般高为90cm），没有绿化带；公路桥一般没有人行道，有栏杆（一般高为60cm），一般有绿化带。老师也讲到了桥的长度与坡度的关系。一般情况下，桥身相对长的，其坡度也相对斜。桥上工程还设计安排了排水系统。其主要目的：一是防止在雨天能够及时将雨水排出路面，减轻车辆对路面的摩擦力，进而使车对路面的荷载大大减轻；二是防止雨水渗入桥面断裂处的钢筋，免使其生锈，进而延长其实际的使用寿命（年限）。

今天下午我们听了一场报告，报告主要讲了一下现代建筑的分类：砖木结构，一般用于单层建筑及村镇住宅；砖-钢筋混凝土结构（即砖混结构），一般用于六层左右民用建筑和中小型工业建筑；钢-钢筋混凝土结构，一般用于大型公共建筑及大跨度建筑；钢结构，一般用于超高层民用建筑和有特殊要求的工业建筑。老师特别介绍了一下高层建筑，现在在中国如果要看高层建筑的话，那还得去上海了。上海的高建中又得数金茂大厦、东方明珠电视塔，这些建筑在世界上都是有名的。听着这些，我们对未来充满希望：我们将来要尽自己的所能，设计、建造出更高、更美的建筑物为祖国争光。老师还讲了土木工程建设分为三个步骤：设计、施工和管理；讲了土木工程未来可以从事的社会工作岗位可以有：①建筑公司；②行政部门；③房地产公司；④监理公司，此外，还可以从事交通部门的工作。老师讲到了我们目前教学的目的。他要我们学生树立起自主学习的习惯和兴趣，建立起终身学习的习惯与爱好。通过这次认识实习，我们对建筑设备、建筑基础等有了一定的了解，这对我们今后学习专业知识和走上工作岗位，都有很大的帮助。

7.3.3 实习报告（节选）

房屋建筑学是研究房屋构造组成、构造原理及构造方法的一门课程，同时还介绍建筑设计的一般原则的教学内容。因此本课程在土建类专业的课程体系中占有重要的地位。构造组成是研究房屋的各个组成部分及作用。构造原理是研究房屋各个部分的构造要求及符合这些要求的构造理论；构造方法是研究在构造原理的指导下采用性能优良、经济可行的建筑材料和建筑制品，构成建筑结构配件以及构配件之间的连接方法；建筑设计知识是研究建筑空间的构成组织功能和外观形象的基本概念及一般原则。

实习对于我们学生来说是一次熟悉社会、了解社会、学习专业知识的好机会。我们参观了学校为我们联系的武警医院办公楼。下面我就本次实习的过程内容作报告如下。

实习时间：2007 年 9 月 17～21 日。

实习地点：学校科技楼施工现场。

实习内容：在指导老师的指导下，学习国家相关的规章制度，了解各种工程程序；通过阅读图纸，了解设计的意图、设计方案、施工细部；了解在工程建设中可能发生的实际问题，并学习切实可行的解决方法等。

我们参观了学校在建的十四层科技楼。当我们到达集合地点时，我看到同学们头上都戴着安全帽，同时工地的生活区与施工区的门上也写着：不戴安全帽者不得进入施工现场。在科技楼结构主体外面的防护网上也写着标语：安全责任，重于泰山。由此可见在建筑施工当中首先要注意的问题就是安全问题。过去由于生产企业不重视民工安全造成了很多工伤和死亡事故，这些事故给工人和企业带来了很大的损害！同时，为了确保施工能顺利进行和施工的安全，工地须用砖墙围护起来，只有建筑施工的各种车辆和内部人员才可以出入，我们实习也要经过他们的同意呢！

进到施工区，我们一眼就看到了科技楼的结构主体，当时结构主体给我的感觉就是不好看。这个可能是因为它和我所看到的过的已经建好并投入使用的楼不同。主体前面有个很大的场地，这个场地是堆放建筑材料用的，可以看到所堆放的建材主要是钢筋，没有水泥、砂、石之类的建材，这是因为现在已经都采用了成品混凝土来浇筑结构物了。这样可以保证混凝土的质量，减少施工浪费和降低生产成本。在钢筋堆放区我们可以看到不同型号的钢筋是分开放的，而且还在其前面标明钢筋的型号和进场的时间等信息。

我们跟着现场管理员上了楼，踏上用钢管和铁网搭接成的梯子，开始觉得很危险，四周都有伸出来的钢管或铁条。二、三楼的模板和支架已经拆了，我们可以清楚地看到支撑上部重量的柱子很大，大到使我们都觉得层高变小了。在承重柱的四周有很多构造柱，它们是用来加大墙的强度的，以避免因墙身过长导致容易坍塌。一路上去，我们看到上面几层楼板的支架还没有拆，这些支架是用钢管和模板组成的，钢管很密，可见要承受完全没有强度的混凝土板和梁需要很大的支撑力。

上到第 10 层，我们看到工人们还在绑扎钢筋，柱和梁的钢筋已经绑扎好，并放到了模板预留的槽里。我观察了其中的几根梁和柱，就像老师说的：梁的下部是受立筋，主梁有 9 条，次梁有 6 条；梁的上部是架立筋，主梁和次梁也不同；受力筋和架立筋之间用箍筋绑扎。而柱子就不一样了，三四根梁要交汇于柱，就必然要使梁的钢筋穿过柱子，这样使得柱头的钢筋十分密集，同时浇筑混凝土时也要注意密实。板的配筋一般有受力筋和架立筋，受力筋在下方，分纵横两路；架立筋在上方，也是纵横两路放着。摆好的钢筋就要用铁丝绑扎好。为了保证面筋不被踩低下去，还要用马蹄筋将其抬高。在看板筋时我们发现连同钢筋一起铺设的还有电线管，这是电专业和结构专业合作的一个体现。

我们的现场参观时间很有限，只看到了工人在布置板筋，没有看到他们浇筑柱、梁、板和砌筑砖墙，以及其他的施工情景，所以认识也是很片面的，这个只能作为我们对施工的感性认识吧！

……

通过本次实习，我对建筑工程的现场施工和管理有了直观的认识，增强了对所学基础理论和专业知识的感性认识，并综合运用自己所学过的知识，同监理工程师一起解决工程中所遇到的问题。在本次实习中，我对建筑工程的各方责任和角色有了更切实际的了解，深刻体会到工程建设中所包含的种种矛盾、种种限制、种种实际问题；亲眼所见了建筑工人的辛苦以及他们在实际施工中所用的各种手法的巧妙性和实用性，比如，钢筋的绑扎、底层基础钢筋的绑扎首先要放样，每一跨度里钢筋的接头数不超过25%，即4根钢筋里只有一个接头；另外，接头要尽量放在受压区内。在砌墙的过程中，如遇到墙要转角或相交的时候，两墙要一起砌起来，在留槎的过程中，可以留斜槎，如果要留直槎，则必须留阳槎，且要有拉结筋，不能留阴槎。在进行混凝土施工的过程中，要特别注意混凝土的配合比，在天热的时候要注意混凝土的养护等。在工地上的所见所闻更加激发了我对本专业的热爱和憧憬，也深深体会到要在建筑这个行业上有所作为必须付出更多的努力，不仅仅是在理论上，更重要的是在实际中的应用。与此同时，我也深深地体会到一份责任，希望能够通过自己的努力，为祖国的大建设添砖加瓦，实现自身的人生价值。

7.3.4 实习报告的要求

实习报告应包括以下内容。

一、前言

二、实习目的

三、实习时间

四、实习地点

五、实习单位和部门

六、实习内容

要求字数不低于3000字，可包括以下内容。

1. *建筑学知识*

参观单体建筑及建筑组群或参观特色建筑，应了解分析以下内容：

(1) 根据所学知识，对所参观建筑组群的总平面布局的合理性或不合理性进行分析。

(2) 参观建筑物外观及内部，了解各层平面布局及房间布置，观察建筑外观特点。运用所学知识分析该建筑平面布局、空间造型和立面处理方法。

(3) 分析建筑的防火与安全疏散设计是否符合要求。

2. *房屋构造*

通过参观某项在建工程现场情况，应了解分析以下内容：

(1) 该建筑物的结构形式、构造特点、建筑作法、承重方式、施工方式、抗震等级等。

(2) 该建筑物的地基及基础类型、构造形式及施工方法。

(3) 该建筑物的墙体类型、结构布置、细部构造及施工特点。

(4) 该建筑物板、梁、柱等的类型，配筋方式及其与墙、梁的连接构造，了解楼地面、屋面构造及顶篷构造特点。

(5) 该建筑的楼梯、阳台等的详细构造。

(6) 建筑物的建筑装修构造。

3. 建筑材料

通过去建筑工地实地参观，应了解以下内容：

(1) 水泥、砖、砂子、石子、钢筋等主要材料的规格、标号、特性及使用要求。

(2) 混凝土、砂浆的配合比、标号、生产工艺所用设备以及养护要求。

(3) 各种钢筋加工情况。

(4) 有关装饰材料的情况。

4. 建筑施工

通过去施工现场参观，应了解以下内容：

(1) 各施工工种的工艺过程，生产特点以及各工种之间的配合及穿插作业情况。

(2) 砖混结构施工工序，现浇构件的施工工序。

(3) 建筑工程与安装工程的施工配合及工序要求。

(4) 该工程的施工过程，施工特点及方法。

7.4 思 考 题

一、说明工程概况

二、基础部分

(1) 建筑物的地基采用的是什么地基？采用哪种地基处理方法？

(2) 此建筑物采用的是哪种基础形式？该基础有何特点？

(3) 影响基础埋置深度的因素有哪些？

(4) 基础混凝土的强度等级是多少？基础钢筋直径是多少？用量多少？各钢筋有什么作用？

(5) 建筑物是否设地下室？地下室的组成是什么？地下室通向首层的楼梯形式是什么？

(6) 地下室的采光是如何处理的？是否有自然采光？

(7) 地下室是防水处理还是防潮处理的？叙述具体构造的做法。

(8) 基础工程部分是否采用新的施工方法和技术？

三、墙体部分

(9) 该建筑物的结构型式是什么？采用的是哪种承重方案？

(10) 墙体采用何种砌筑材料？墙体厚度有几种？该建筑的墙厚是多少？

(11) 砖的强度等级是多少？采用什么砌筑砂浆？强度等级是多少？

(12) 砖墙采用哪种组砌方式？砌筑高度是怎样控制的？

(13) 是否设构造柱？在何处设？构造柱与墙体是如何连接的？如何配筋？

(14) 建筑物勒脚的构造做法是什么？

(15) 墙下防潮层的位置在何处？构造做法是怎样的？

(16) 建筑物是否设圈梁？设置的位置在何处？圈梁的尺寸是多少？如何配筋？

(17) 墙体是否设变形缝？是什么缝？设置的位置在哪里？缝宽多少？是怎样盖缝的？

(18) 如采用砌块墙，砌块墙是否是承重墙？采用哪种砌块？砌块的尺寸是多少？采用什么砌筑砂浆？强度是多少？

(19) 墙的装修内外做法有哪种？叙述具体的构造做法。

(20) 墙的平整度怎样检查？允许偏差是多少？墙的垂直度怎样检查？允许偏差是多少？

(21) 墙体砌筑过程中有哪些留槎的部位？是如何留的？

(22) 墙体工程中应用了哪些新材料、新技术施工？

四、楼地面部分

(23) 楼板的设计要求有哪些？楼板有哪些形式？该工程采用的楼板是哪些形式？

(24) 现场观察肋梁楼板的主次梁、跨度及梁截面尺寸和板的分格尺寸。

(25) 现场观察是否有梁垫？试述梁垫的材料、做法和作用。

(26) 该工程预制板有几种形式？板缝如何处理？

(27) 预制板与墙、梁的连接如何处理？楼板上遇隔墙时如何处理？

(28) 现浇板的配筋如何布置？各钢筋有什么作用？现浇大面积楼板后浇带应如何留设和处理？

(29) 对楼面、楼地面变形缝处如何处理？

(30) 提高楼板隔声能力的措施有哪几种？

(31) 排除室内地面积水的坡度宜为多少？有水房间与相邻房间的地面高差应如何形成？

(32) 当竖向管道穿越楼地面时应如何处理？

(33) 试述踢脚线的高度和所用材料？墙裙的高度和所用材料。

(34) 试述阳台栏杆的高度、材料及做法，试述雨篷的构造形式及排水坡度应为多少？

(35) 顶棚的作用是什么？有哪些基本形式？该工程是否有吊顶棚？其做法如何？

五、楼梯部分

(36) 楼梯间的设置部位有何要求？该工程楼梯的形式及楼梯各组成部分是什么？

(37) 该楼梯间的轴线尺寸是多少？楼梯的宽度如何确定？

(38) 当底层平台下做出入口时应采取什么措施？

(39) 现浇钢筋混凝土楼梯是板式的还是梁式的楼梯？其踏步尺寸是多少？踏步面层防滑条应如何设置？

(40) 试述栏杆与踏步的连接方式及要求。

(41) 试述楼梯间构造柱设置的位置，楼梯间构造柱的截面尺寸及内部配筋。

(42) 楼梯的坡度应如何确定？它与楼梯踏步有何关系？确定踏步尺寸的经验公式如何使用？

(43) 楼梯间的净空高度应如何确定？

(44) 该建筑有无电梯？其设置的部位有何特点？电梯的构造组成有哪些？

(45) 建筑室外台阶的组成、形式、构造要求及做法如何？

六、屋顶部分

(46) 屋顶设计应满足哪些要求？

(47) 影响屋顶坡度的因素有哪些？屋顶的常用排水坡度是什么？

(48) 该工程是什么排水方式？其坡度是多少？

(49) 简述柔性防水屋面（或刚性防水屋面）的构造层次。简述卷材防水屋面中卷材的铺设程序。

(50) 试述平屋顶的排水方式及雨水管设置的位置和特点。

(51) 试述女儿墙与屋顶交接处的泛水构造做法。女儿墙的压顶处理措施有哪些？

(52) 试述平屋顶屋面保温、隔热层所用的材料和做法。

(53) 该工程采用什么檐口形式？试述平屋顶檐口构造的做法。

(54) 说明平屋顶上人孔设置的部位及构造做法。简述落水管的间距、材料和安装方式。

(55) 简述平屋顶保护层的所用材料及具体做法。

七、门窗部分

(56) 试述该工程内、外门窗所用的材料。说明门窗框的安装方法。

(57) 简述门窗各组成部分的安装顺序。

(58) 窗框与墙体之间的缝隙应如何处理？

(59) 门扇与墙面的安装缝隙应如何处理？

(60) 简述铝合金门窗和塑钢门窗有哪些特点？

八、民用建筑设计

(61) 民用建筑设计的基本要求有哪些？民用建筑设计的依据有哪些？

(62) 建筑物应如何争取好的朝向？建筑物之间的距离应如何确定？

(63) 什么是建筑的高度、建筑的层高和净高？

(64) 建筑平面设计包含哪些内容？其影响因素有哪些？本工程在设计中有什么特点？

(65) 建筑平面图、立面图、剖面图分别应表达什么内容？

(66) 房间尺寸指的是什么？确定本建筑房间尺寸应考虑哪些因素？

(67) 建筑立面的处理手段有哪些？本工程的立面处理有何特点？

(68) 确定房间的剖面高度和形状应考虑哪些因素？

(69) 该工程中门的宽度和数量是如何确定的？卫生间及其设施应如何确定？

(70) 该工程的交通联系部分有哪些？有何特点？

7.5 考 核 标 准

实习结束后，由指导教师根据学生的实习报告、实习日记、实习态度和表现，参考实习指导人的评语，综合评定学生实习成绩。实习成绩按五级分制，其参考评分标准为：

(1) 实习期间纪律性强，能主动独立开展工作，实习日记与实习报告质量高，全面完成老师提出的问题并回答正确，较好地完成实习大纲的要求，专题总结质量高，评为优秀。

(2) 实习期间纪律较好，能较好地完成实习大纲的要求，能独立开展工作，实习日记、实习报告及主题作业质量较好，评为良好。

(3) 实习中纪律较好，完成了实习大纲要求，实习日记、实习报告及主题作业，质量一般，评为中等。

(4) 实习中纪律一般，基本完成实习大纲的要求，实习日记、实习报告及主题作业，但质量较差，评为及格。

(5) 实习期间表现不好或严重违纪者，实习日记和实习报告、主题作业不合格，评为不及格。

未记成绩与实习成绩不及格者另作处理。在实习中对有突出事迹者，由指导教师报呈系部给予奖励；对表现极差者按照校纪规定给予必要的纪律处分。

表 7.1 为考核项目评分表。

表 7.1　　考核项目评分表

项　目	评 分 标 准	满　分	成　绩
实习纪律 (每天满分 5 分)	1. 不迟到，不早退　2分 2. 遵守施工现场制度　2分 3. 听从小组长、教师及工地技术人员指挥　1分	25 分	
实习日记 (每天满分 4 分)	1. 内容充实　2分 2. 真实感受，有较深的认识　2分	20 分	
实习报告	1. 内容充实（字数在 3000 以上）　20 分 2. 认识深刻　10 分	30 分	
成果内容	1. 按时交实习日记　5 分 2. 按时交实习报告　5 分 3. 按时交思考题并回答正确　10 分 4. 书写正确　5 分	25 分	

参 考 文 献

[1] 中华人民共和国建设部. 建筑制图标准（GB/T 50104—2001). 北京：中国计划出版社，2001.
[2] 中华人民共和国建设部. 住宅设计规范（GB 50386—2005). 北京：中国计划出版社，2005.
[3] 中华人民共和国建设部. 民用建筑设计通则（GB 50352—2005). 北京：中国计划出版社，2005.
[4] 《建筑设计资料集》编委会．建筑设计资料集．北京：中国建筑工业出版社，1994.
[5] 天津大学编. 公共建筑设计原理. 北京：中国建筑工业出版社，1998.
[6] 焦铭起主编. 办公建筑设计图说. 济南：山东科学技术出版社，2006.
[7] 办公楼设计规范. 北京：中国建筑工业出版社，2007.
[8] 中国建筑标准设计研究院．平屋面建筑构造（一）(99J201—1).
[9] 中国建筑标准设计研究院．平屋面建筑构造（二）(03J201—2).
[10] 中国建筑标准设计研究院．屋面节能建筑构造（06J204).
[11] 冯美宇. 房屋建筑学（2 版). 武汉：武汉理工大学出版社，2004.
[12] 单层厂房建筑设计教材编写组. 单层厂房建筑设计. 北京：中国建筑工业出版社，1993.
[13] 李必瑜，王雪松主编. 房屋建筑学课程设计指南. 武汉：武汉理工大学出版社，2008.
[14] 胡建琴，崔岩．房屋建筑学．北京：清华大学出版社，2007.
[15] 舒秋华．房屋建筑学（3 版)．武汉：武汉理工大学出版社，2008.
[16] 袁雪峰等．房屋建筑学实训指导. 北京：科学出版社，2005.
[17] 沈蒲生．高等学校建筑工程专业毕业设计指导（第一版)．北京：中国建筑工业出版社，2000.
[18] 唐岱新．高等学校建筑工程专业课程设计指导（第一版)．北京：中国建筑工业出版社，2000.
[19] 崔艳秋．房屋建筑学课程设计指导．北京：中国建筑工业出版社，1999.
[20] 刘永才，等．工业与民用建筑设计指导．武汉：武汉工业大学出版社，1997.
[21] 朱昌廉主编．住宅建筑设计原理. 北京：中国建筑工业出版社，1999.
[22] 李必瑜主编．房屋建筑学．武汉：武汉工业大学出版社，2000.
[23] 同济大学，等．房屋建筑学. 北京：中国建筑工业出版社，1990.
[24] 王崇杰. 房屋建筑学. 北京：中国建筑工业出版社，1996.
[25] 陈保胜. 建筑构造资料集. 北京：中国建筑工业出版社，1994.
[26] 南京工学院建筑系编写组. 建筑构造. 北京：中国建筑工业出版社，1996.
[27] 姜丽荣，崔艳秋，柳锋．建筑概论．北京：中国建筑工业出版社，1995.
[28] 刘宝仲．托儿所幼儿园建筑设计．北京：中国建筑工业出版社，1993.
[29] 《中小型民用建筑图集》编委会. 中小型民用建筑图集. 北京：中国建筑工业出版社，1999.
[30] 建设部建筑设计院，等编译. 建筑师设计手册. 北京：中国建筑工业出版社，1995.
[31] 刘建荣. 房屋建筑学课程设计任务书及设计基础知识. 北京：中央广播电视大学出版社，1993.
[32] 各地区及全国的住宅方案图集.
[33] 各地区通用的民用建筑配件图.
[34] 许明，孟茁超主编. 土木工程课程设计指南. 北京：北京大学出版社，2007.

附图(一)　某住宅建筑施工图

建 筑 设 计 说 明

第一部分　概述

一　设计依据

建设单位委托设计单位设计本工程签定的合同书

本工程经有关部门审查同意的基地地形图及规划图

建设单位对方案的审查意见及委托设计书，项目批文及国家现行建筑设计规范

《小康住宅设计导则》、《住宅设计规范》(GB50096—99)及住宅和规划设计有关的设计规范

二　工程概况

地理位置：宣城市广德县　建筑层数：地上6层　总建筑面积：2998m²　抗震烈度：6度

体形系数：0.31　使用功能：住宅　耐火等级：二级　结构形式：砖混结构　设计使用年限：50年

三　一般要求

1. 图注标高为相对标高，9#楼±0.000标高相当于绝对标高41.325m
2. 墙身防潮层设于室内地坪下一皮砖处，20厚1∶2水泥砂浆掺5%的防水剂
3. 施工除满足设计中的规定要求外，尚需遵守我国现行的工程施工及验收规范，施工过程中需做好隐蔽工程验收记录
4. 土建工程、安装工程密切配合做好预埋件和预留洞的预埋预留工作
5. 凡上、下水、暖气、空调管道及电气管线穿过墙身、楼板、承重墙等结构构件时，均应预留孔洞，预埋管线及预埋铁件，不得在施工后开凿，影响工程质量，施工过程中，请各专业工种密切配合
6. 预埋，预留铁件均需红丹打底防锈，凡明露者，加单面油漆二度，颜色除专业工种(冷暖、水、电)有特殊要求外，均与相邻墙、顶同色
7. 图纸中如有矛盾或不详时，应遵守以下原则

(1)请建设单位、监理公司和施工单位及时与设计单位联系

(2)钢筋混凝土工程以结构专业图纸为准，有建筑大样图者以建筑为准，外墙装饰线脚黏土砖墙及填充墙等以建筑专业图纸为准并复核建筑图，住宅单位，卫生间，楼梯间等如有详图，除门窗编号外，平面布局以详图为准

8. 除注明外，图中尺寸总图以米为单位，单体图以毫米为单位，标高以米为单位，所有图纸以标注尺寸为准，不得直接测量图纸，屋顶标高指到钢筋混凝土结构面，比例仅供参考，当大小样不符时，以大样图为准
9. 凡上、下水、强弱电管井等，待管线安装后，楼板处用与楼板相同耐火等级材料封实
10. 施工时，应严格执行《住宅装饰装修工程施工规范》(GB50237—2001)的有关要求
11. 室内装修材料必须满足《民用建筑工程室内环境污染控制规范》(GB50325—2001)的要求

第二部分　主要工程做法

一　防水工程

本工程属Ⅲ级防水，防水层耐用年限10年，一道防水设防

1. 屋面防水做法：(使用位置及做法见相应平面图)
2. 卫生间楼地面及墙身防水做法：参皖93J204(14/29)(改为合成高分子防水涂膜1厚)卫生间四周做120高混凝土防渗
3. 凡卫生间、阳台、台阶楼地面比相邻房间楼地面低30，(除标注外)，均向地漏或雨水口方向做出1%泛水坡度以利排水，各层入户门口室内外高差均为20
4. 平屋顶排水坡度为2%
5. 透气管出平屋面做法99J201(一)(1/44)
6. 烟道出平屋面泛水参皖2002J112(—/15)

二　墙体工程

1. 本工程墙体材料：内外墙均为240厚黏土实心砖(构造柱布置以结构图为准)
2. 外墙体中混凝土构造柱。圆梁和混凝土窗台的室外侧均用1∶2.5水泥砂浆粉刷，延伸到相临墙面200，门窗洞口及内墙阳角处应用1∶2.5水泥砂浆护角，每边宽度80，高度不小于2000
3. 外墙，卫生间内墙均采用1∶3防水砂浆打底刮堤，(高低跨处均设120高及梁防水)，空调板与墙身交接处粉防水砂浆250高

三　室外工程

1. 散水宽900mm，做法见大样图，按规范设温度缝，室外地面以下200到室外地面以上800处外墙表面粉刷1∶2水泥砂浆内掺5%防水剂
2. 室外入口坡道做法见皖01J307(1/4)与楼梯间及散水接缝用1∶2沥青砂浆嵌缝
3. 室外台阶：皖01J307(1/10)三级踏步(4/10)二级踏步(7/10)一级踏步

四　门窗工程

1. 门窗形式及洞口尺寸见门窗表
2. 所有外门窗，均采用墨绿色塑钢门窗，6-9-6中空玻璃门窗的立面形式详见门窗详图、门窗框料断面尺寸型式、由承包厂商根据使用要求选型确定。并征得甲方同意，外门窗气溶性2级，水溶性3级，隔声性能3级，保温性能7级，抗风压性能1级，采光性能4级，内门是否安装甲方自定
3. 所有底层外窗安装铝合金防盗网(防盗网样式及颜色由甲方统一确定)
4. 凡外门窗与墙身交接处，除用弹性材料填嵌严窗外，外侧用防水硅胶密封，以防渗水
5. 该住宅底层出入口处设对讲电控防盗门(甲方自理，统一安装)

五　装修及安装工程

1. 本工程装修设计内容如下：

(1)装修具体做法详见下表：

		构造做法	使用部位及备注
地面	■	水泥砂浆面详03J930-1图集第29页节点2	所有地面(厨房，卫生间楼面撬毛)
	□	防潮水泥砂浆面详皖2004-J301图集第5页节点6	
楼面	■	水泥砂浆面：详03J930-1图集第29页节点2	所有楼面(厨房，卫生间楼面撬毛)
踢脚	■	水泥踢脚 详皖2004-J301图集第53页节点1(暗式)	除厨房，卫生间，阳台外的所有房间
顶棚	■	白水泥加107胶腻子二遍	所有房间(包括楼梯间，阳台)
内墙	■	1∶1∶6水泥石灰砂浆抹灰	除厨房，卫生间，阳台以外房间
	■	贴瓷砖墙面：详见皖2004-J301图集第45页节点10	厨房，卫生间(考虑满贴)(仅做基层)
外墙	■	涂料墙面详皖2004-J301图集第40页节点18，20	详立面图
	■	面砖饰面：详皖2004J301图集第40页节点16	详立面图
	■	楼梯做法为水泥面粉饰面，楼梯间地面详皖2004-J301图集第4页节点3	
	■	凡卫生间安装ϕ100UPVC管 用于穿屋面太阳能管线 做法参99J201(一)(1/99)，具体位置详见水图纸	

(2)外装修见立面图，要求一次完成；所有外装修材料均应提供多种样品；经业主与设计单位选择确定，外装修罩面材料需质地优良，色泽一致，耐开裂，耐老化，耐污染，耐清洗，防水由承包商提供样品，在大面积施工前需做样板，经业主及设计单位同意后方可施工

2. 空调机室内管道预留孔洞详见户型图，室外机冷凝水管接入冷凝水立管或就近插入地漏，建筑留洞如遇过梁，不得将其破坏，预留孔洞由内至外向下倾
3. 屋面排雨水采用有组织排水，排水管采用UPVC塑料管，其中自屋面引下的雨水管一律为DN100塑料管，出水口和地漏接口等处一律采用优质防水油膏封严，雨水管在地面排放入地下排水管网
4. 由高层屋面向低层屋面排水时雨水管出水口应设置雨水管水簸箕
5. 公用楼梯栏杆及阳台栏杆采用铁花栏杆，由专业厂家二次设计，建设单位同设计人员共同选型，预埋铁件做法详皖92J402(B/33)斜梯段栏杆扶手高900mm，楼梯竖向栏杆净距≤110，必须有防儿童攀登的措施，水平栏杆长度超过500mm时高度为1050mm，上人屋面晒台，栏杆扶手高度为1400mm

六　屋面工程

平屋面做法详03J930-1 (W9F) B6-40 (W5F) B6-40 找坡层1∶6水泥焦渣找坡最薄处为30，坡屋面详见03J930-1，(W20F) B6-40

七　其他

■ 1. 住宅阳台晒衣架选用成品晒衣架，用户自理

■ 2. 凡要求排水找坡的地方找坡厚度>30时用C15细石混凝土找坡，厚度≤30时，用1∶3水泥砂浆找坡

3. 所有暴露在外的钢构件均应刷防火漆(耐火时间为1小时)

□ 4. 变形缝：

外墙变形缝：详皖03J903(2/5)(1/5)　内墙及顶棚变形缝：详皖03J903(1/15)(4/15)屋面变形缝：参皖99J201(—)(4/40)(4/39)

参：00J202-1(1/27)(2/27)

■ 5. 凡没有注明的门窗框宽为120或紧靠墙柱边

■ 6. 厨房、卫生间仅管道安装到位，厨卫设备由住户自理

■ 7. 凡檐口，雨篷，阳台底，外廊底均应做滴水线

■ 8. 凡入墙木构件均做氧化钠防腐处理

■ 9. 地漏及水龙头位置详见水图纸，厨房、卫生间楼地面粉刷坡内地漏

■ 10. 本说明中标■为本工程采用作法

■ 11. 本说明中未尽事宜按国家现行有关施工规范及规程执行

八　夏热冬冷地区居住建筑节能设计简表

序号	项目		标准限制：K，W/(m²·k)	设计计算及选用											
1	体形系数		条式≤0.35，点式≤0.4	条式√	体形系数 0.31										
2	窗墙面积比	$CM\leq0.25$	各向，$K\leq4.7$	朝向	CM	K限位	窗框料：普通铝合金	窗框料：断热桥金属	窗框料：塑钢	窗框料：其他	玻璃：单片	玻璃：中空	玻璃：镀膜	玻璃：其他	设计K值
		$0.25\leq CM\leq0.3$	南向，$K\leq4.7$，北东西向$K\leq3.2$	东											
		$0.3\leq CM\leq0.35$	各向，$K\leq3.2$	南	0.28	3.2			√			√			3.0
		$0.35\leq CM\leq0.45$	南北向及东西向有遮阳，$K\leq2.5$；东西向无遮阳不允许	西	0.08	4.7			√			√			3.0
		$0.45\leq CM\leq0.5$	南北向，$K\leq2.5$；其他方向不允许	北	0.28	3.2			√			√			3.0
3	屋顶透明部分		面积≤屋顶总面积的4%，$K\leq4.0$，遮阳系数≤0.5	屋顶天窗总面积7.2m²，占屋面面积的1.7%，窗型炭卢克斯窗，K 2.4，SC0.5											
4	外门窗气密性等级		1～6层级，$q_1\leq2.5$，$q_2\leq7.5$；7层及以上4级，$q_1\leq1.5$，$q_2\leq4.5$	1～6层Ⅲ级，7层及以上___级											
5	屋顶		$K\leq1.0$，$D\geq3.0$；$K\leq0.8$，$D\geq2.5$	平屋顶：保温隔热材料　聚苯颗粒保温砂浆，厚度50mm，K0.93，D3.16											
				坡屋顶：保温隔热材料　聚苯颗粒保温砂浆，厚度50mm，K0.98，D2.00											
6	外墙(包括敞开式楼梯间三面墙)		$K\leq1.5$，$D\geq3.0$；$K\leq1.0$，$D\geq2.5$	外保温☑，自保温□，内保温□，材料聚苯颗粒 厚度35mm，K1.08，D3.51											
7	分户墙(包括敞开式楼梯间三面墙)		$K\leq2.0$	材料聚苯颗粒厚度20mm，K0.88											
8	楼板	层间楼板	$K\leq2.0$	板上保温□，板下保温☑，材料加气混凝土厚度60mm，K1.89											
		底层自然通风能架空楼板	$K\leq1.5$	板上保温□，板下保温□，材料___厚度___mm，K___											
9	户门(包括阳台不透明部分)		$K\leq3.0$	钢防盗保温门☑，木防盗保温门□	底层入□	防盗保温对讲门☑									
10	其他	朝向		南偏东≤15□，南偏东5—35□，南偏西≤15☑，其他___											
		外墙饰面		深色□，浅色☑											
		屋顶面层		深色□，浅色☑　绿化种植□											

审定		
审核		
工程主持人		
专业负责人		
校对		
设计		
制图		
方案设计人		

资质章位置

注册章位置

备注

注意事项

工程名称：×××住宅小区

子项名称：9#楼

图名：建筑设计总说明

工程编号	2007-010-1		
版次	1-1	日期	2007.3
比例	见图	图号	建施 2/14

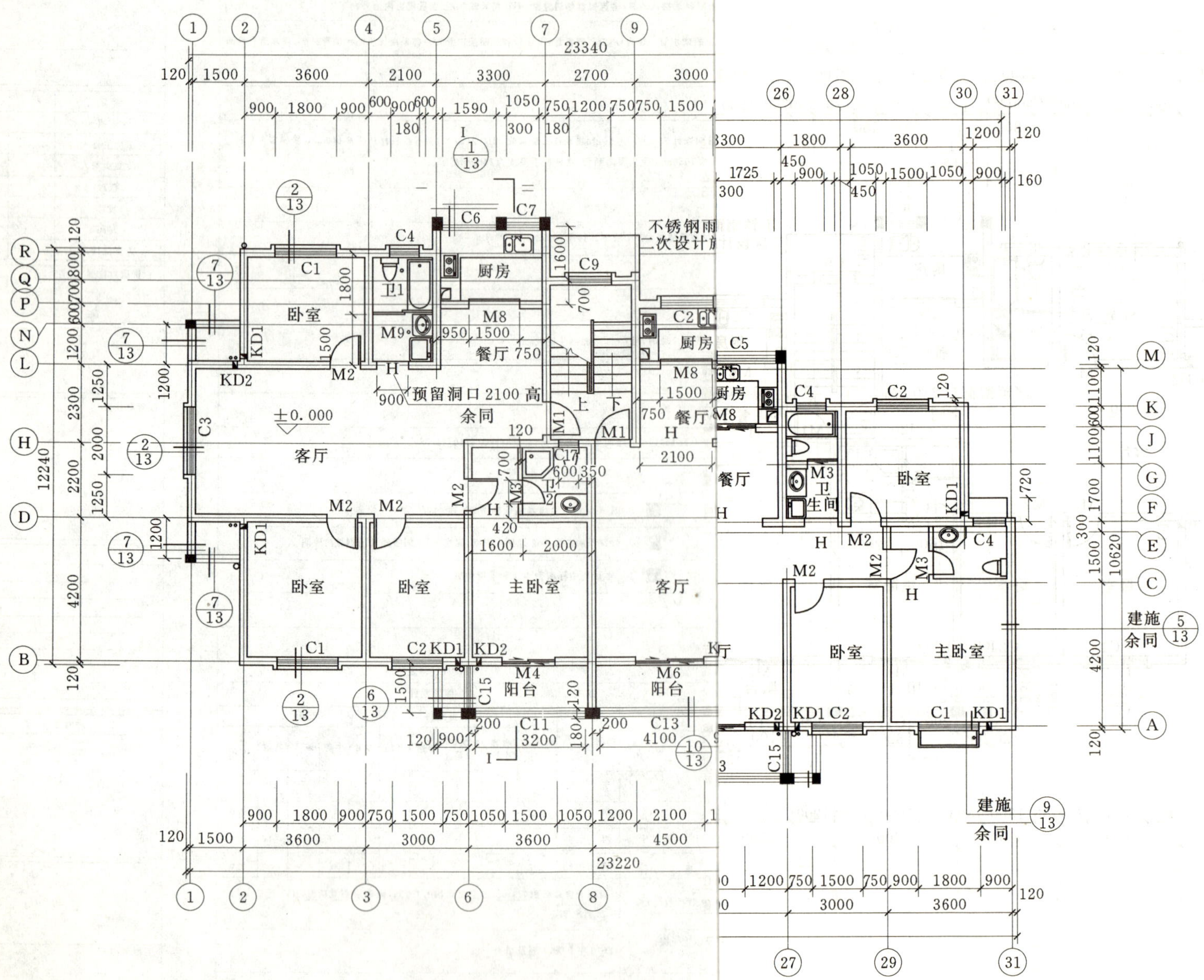

及墙体定位同《一层平面图》。

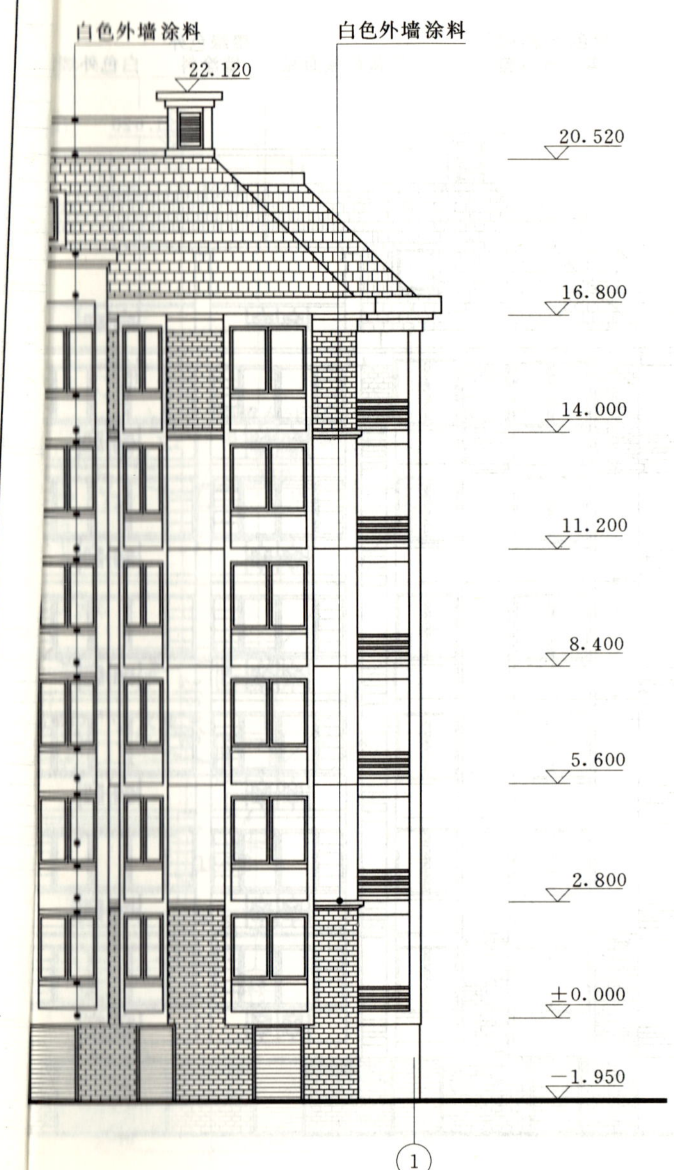

审定	
审核	
工程主持人	
专业负责人	
校对	
设计	
制图	
方案设计人	

资质章位置

注册章位置

备注

注意事项

工程名称

×××
住宅小区

子项名称

9#楼

图名

31—1 轴立面展开图

工程编号	2007—010—1		
版次	1—1	日期	2007.3
比例	见图	图号	建施 9/14